疾病诊治原色图谱

图解

猪病

鉴别诊断
与防治

TUJIE ZHUBING
JIANBIE ZHENDUAN
YU FANGZHI

主 编 王泽岩 高发辉 孙宏伟
参 编 任少敏 丁焕福 高小鹏 辛海兰
主 审 高英杰

U0398146

机械工业出版社
CHINA MACHINE PRESS

本书将常见的、危害较大的猪病按临床表现分为八大类，对80余种猪病的诊断与防治方法采用图文并茂的形式进行了介绍。本书选编了800余张图片，直观地反映了一些猪病的临床表现和眼观可见的病理变化，并对相似疾病的流行病学、临床表现、病理变化进行了鉴别，力求在目前的现场诊断水平下，使读者尽早做出正确诊断或方向性的诊断。本书参考借鉴了许多专家、学者和临床兽医研究的成果与经验，结合编者多年的临床实践经验，提出了猪病的防治措施和处置方案，以减少疾病造成的损失，提高疾病预防和控制水平，力求使读者手掌此书，猪病有所知，病症有所明，处置有所效，达到能防能治的目的。

本书可供养猪专业户、养猪场技术人员及广大基层临床兽医使用，也可作为农业院校相关专业师生的参考（培训）用书。

图书在版编目（CIP）数据

图解猪病鉴别诊断与防治/王泽岩，高发辉，孙宏伟主编.
—北京：机械工业出版社，2017.5（2020.8重印）
（疾病诊治原色图谱）
ISBN 978-7-111-56700-4

Ⅰ.①图⋯　Ⅱ.①王⋯②高⋯③孙⋯　Ⅲ.①猪病–鉴别诊断–图解②猪病–防治–图解　Ⅳ.①S858.28-64

中国版本图书馆CIP数据核字（2017）第089818号

机械工业出版社（北京市百万庄大街22号　邮政编码100037）
策划编辑：周晓伟　郎　峰　责任编辑：周晓伟　郎　峰
责任校对：朱丽红　　　　　责任印制：孙　炜
北京联兴盛业印刷股份有限公司印刷
2020年8月第1版第4次印刷
148mm×210mm·9.125印张·300千字
标准书号：ISBN 978-7-111-56700-4
定价：55.00元

序

　　近十年来，我国规模化、集约化、工厂化养猪发展迅速，家庭养猪已逐步形成小规模化或中规模化，品种的引进及生猪的流通更为频繁。因此，猪病的流行和发生出现了许多新的特点，如疾病的种类增多，新病不断出现，普通病与传染病的临床界定更为复杂，多种病原混合感染明显增多，非典型病例迅速增多，危害加重。猪病发生的临床杂症增多，多种疾病出现相同症状或相似症状，使得猪病的诊断和防治更为困难。因此，降低发病率、减少病死率、提升病猪的康复率、提高养猪生产率，特别是发病现场的临床诊断尤为重要。《图解猪病鉴别诊断与防治》一书，应用大量图片，按症状将猪病分为八类疾病群，对有相同症状或相似症状的疾病进行了鉴别诊断，使之达到临床上早发现、早诊断、早防治的目的，并提出了预防措施和处置方案。该书以图示为主，图文并茂，直观明了，通俗易懂，适于养猪和疾控技术人员及基层临床兽医参考。

　　本人先睹该书，实用性强，愿为作序。

中国工程院院士

前　言

　　近些年来，我国养猪业发展迅速，在农业生产中占有重要的比重，并逐渐步入规模化、集约化饲养和现代化生产，绝大多数的养猪场和养猪大户都取得了较好的经济效益。但是，随着养猪生产的不断发展，外来品种的引进，生猪的频繁流通，饲养方式的改变，尤其是饲养模式的改变，给养猪生产带来了一些不可回避的问题，一些猪病的流行更加广泛，使猪病的防治问题更为突出。多种疾病在同一猪场同时存在的现象十分普遍，混合感染十分严重，一些疾病出现了非典型和温和型，对猪病的认识、预防、治疗提出了新问题，特别是很多猪病在临床上表现出很多相似的症状，给猪病的现场诊断带来了很大的困难。目前，绝大多数猪场缺乏实验室诊断手段，不能及时、准确地对猪病进行确诊。但是，养猪生产实践中疾病发生后，快速诊断是控制猪病的前提，尤其对一些传染性猪病疫情，早诊断、早控制，防控措施有效才能降低损失。

　　多年来在对猪病的临诊、会诊、授课和咨询过程中，编者深深体会到猪病的临床类症鉴别诊断对猪病确诊的重要性。有鉴于此，我们编写了本书。本书具有以下特点：

　　（1）按照临床表现分类，便于现场看病　为便于临床兽医在临诊时分析病情，特根据多年的临床经验将常见的、危害较大的猪病按临床表现分为八大类，对80余种猪病的诊断与防治方法采用图文并茂的形式进行了介绍。

　　（2）800余张图片，便于准确识症　本书选编了800余张图片，依图为鉴，反映了一些猪病的临床表现和眼观可见的病理变化。

　　（3）类症鉴别详细，便于快速诊断　本书对一些有类似症状的疾病进行了鉴别，这样就如同查词典一样易于对照分析，可以节省查阅时间，并能迅速做出比较正确的诊断。

（4）**防治措施具体，减少经济损失**　本书参考借鉴了许多专家、学者和临床兽医研究的成果与经验，结合编者多年的临床实践经验，提出了猪病的防治措施和处置方案，侧重于饲养管理和个体护理、群体预防保健与个体对症治疗，体现了防重于治的原则，以减少疾病造成的损失，提高疾病预防和控制水平。

（5）**率先提出"药源性伪膜性肠炎"病例**　本书率先提出所谓"药物保健"给猪带来的药物慢性中毒导致发生"药源性伪膜性肠炎"的病例，以示科学合理用药、规范用药，促进健康、生态养猪，保障动物源性食品安全，供行业内参考借鉴。

需要特别说明的是，本书所用药物及其使用剂量仅供读者参考，不可照搬。在生产实际中，所用药物学名、常用名与实际商品名称有差异，药物浓度也有所不同，建议读者在使用每一种药物之前，参阅厂家提供的产品说明以确认药物用量、用药方法、用药时间及禁忌等。购买兽药时，执业兽医有责任根据经验和对患病动物的了解决定用药量及选择最佳治疗方案。

虽然编者从事兽医临床工作数十年，但是限于理论基础和技术水平有限，书中不妥、错误之处在所难免，敬请广大读者批评指正。

编　者

目　录

序

前言

第一章

腹泻与便秘类疾病

👉 一、猪 瘟 👈

猪瘟（clssical swine fever，CSF）是由猪瘟病毒（CSFV）引起的一种急性、热性、高度接触性、致死性传染病，是严重危害养猪业发展的一种烈性传染病。猪瘟特征性病理变化为淋巴结周边出血（大理石样变）、脾脏边缘出血梗死、回盲部淋巴滤泡增生、纽扣状肿胀溃疡和肾脏被膜下密集小出血点（麻雀卵样变）。

【流行病学】　本病可感染不同年龄的猪只，一年四季均可发生。病猪的各种分泌物、排泄物、内脏、血液、肉中含有大量病毒，通过消化道和呼吸道等接触传播。妊娠母猪还可以通过胎盘传染给胎儿。该病急性暴发时发病率和死亡率高达90%以上。

【临床表现】

（1）最急性型　病猪体温高达41℃以上，病程1~4天，多突然发病死亡。典型临床表现见图1-1-1~图1-1-4。

图1-1-1　全身皮肤发红

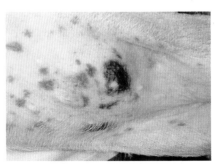

图1-1-2　腹部皮肤有针尖大的
出血点或出血斑

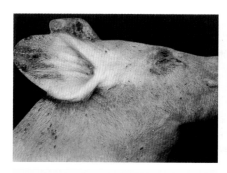

图 1-1-3　耳、颈部皮肤出血、
眼结膜炎（宣长和等）

图 1-1-4　四肢末梢、外阴、
尾根等部位出现出血斑点

（**2**）**急性型**　此型最常见，病猪体温 41℃ 以上稽留不退，初期病猪便秘，排干粪球状粪便，皮肤初期常见有潮红，后期皮肤出现贫血，在外阴部、腹下、四肢内侧等处有出血点或出血斑。典型临床表现见图 1-1-5 和图 1-1-6。

图 1-1-5　发热、怕冷、扎堆、
钻草、堆叠（徐有生）

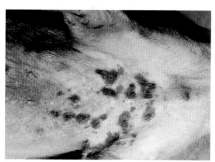

图 1-1-6　胸部皮肤有出
血斑（宣长和等）

【病理剖检变化】

（**1**）**最急性型**　见图 1-1-7 和图 1-1-8。

图 1-1-7 皮下有少量出血点

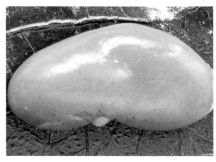

图 1-1-8 肾脏仅有极少数的点状出血

（2）急性型 见图 1-1-9 ~ 图 1-1-30。

图 1-1-9 口腔黏膜有出血斑、溃烂

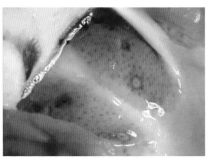

图 1-1-10 扁桃体出血和溃疡坏死

图 1-1-11 喉头有点状的出血点或出血斑

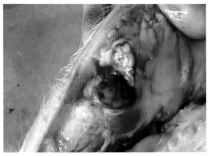

图 1-1-12 颌下淋巴结肿大、出血

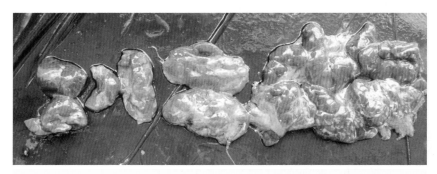

图 1-1-13　颌下、肺门、腹股沟、肠系膜淋巴结肿大、出血

图 1-1-14　肺门淋巴结肿大、出血

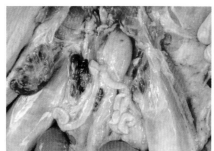

图 1-1-15　髂内淋巴结肿大、出血

图 1-1-16　腹股淋巴结肿大、出血

图 1-1-17　肠系膜淋巴结肿大、出血

图 1-1-18 肺脏斑点状出血
（白挨泉等）

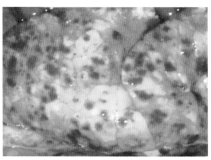

图 1-1-19 肺脏小点状充血和出血
（徐有生）

图 1-1-20 心内膜有出血斑

图 1-1-21 心耳出血

图 1-1-22 脾脏肿大、有坏死灶

图 1-1-23 脾脏表面有隆起的梗死灶

图 1-1-24　肾脏表面有大量的
点状出血

图 1-1-25　肾乳头出血严重

图 1-1-26　胆囊壁有出血斑点

图 1-1-27　膀胱浆膜出血

图 1-1-28　膀胱黏膜有出血斑

图 1-1-29　胃浆膜上有大量出血点

图 1-1-30 胃底出血严重

（3）慢性型 见图 1-1-31 ~ 图 1-1-39。

图 1-1-31 盲肠溃疡
（与副伤寒混合）

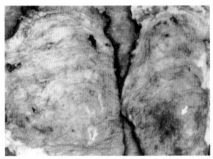

图 1-1-32 直肠黏膜出血和溃疡
（孙锡斌等）

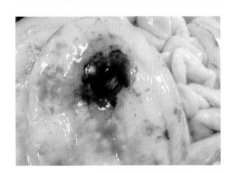

图 1-1-33 结肠浆膜斑点状出血
和胶样渗出（白挨泉等）

图 1-1-34 大结肠浆膜有出血点

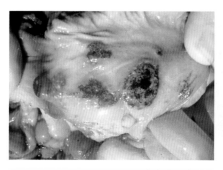

图 1-1-35　盲肠黏膜有纽扣状溃疡

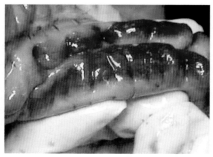

图 1-1-36　大结肠浆膜出血严重

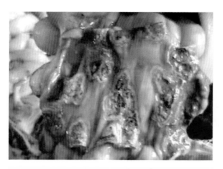

图 1-1-37　感染沙门氏杆菌而引起
猪副伤寒的肠纤维素坏死性肠炎

图 1-1-38　结肠有纽扣状溃疡

图 1-1-39　盲肠有纽扣状溃疡

【鉴别诊断】　见表 1-1。

表 1-1　与猪瘟的鉴别诊断

病　名	症　状
猪丹毒	皮肤上有蓝紫色斑，指压褪色。疹块形状有方形、菱形和圆形。脾脏肿大呈樱桃色，肾脏瘀血，呈"大红肾"，淋巴结瘀血肿大、切面白色多汁，心瓣膜有菜花样灰白色血栓性增生物，关节腔有黏液
猪副伤寒	排黄色或灰绿色稀粪、恶臭。剖检可见脾脏肿大、呈暗紫色、有散在出血点，肝脏实质内有黄色或灰白色小坏死点，大肠黏膜坏死、有不规则溃疡
猪肺疫	咽喉部肿胀，呼吸困难，流涎，犬坐。剖检可见咽喉部炎性水肿，纤维素性肺炎，肺脏表面呈暗红色，胸肺膜出血、有纤维素性渗出物
猪弓形虫病	呼吸困难，咳嗽，有癫痫样痉挛。剖检肺脏肿大、间质增宽、呈半透明状，肝脏肿胀、呈黄褐色、有灰白色或灰黄色坏死灶，脾脏肿大或萎缩
猪链球菌病	关节肿大，运动障碍。剖检鼻黏膜充血、出血，气管充血、有大量泡沫，脾脏肿大，脑膜充血、出血，关节腔内有大量黏液
猪附红细胞体病	咳嗽，可视黏膜苍白、黄疸，血液稀薄如水。剖检肌肉色浅，脂肪黄染，肝脏呈土黄色，脾脏肿大、质软、有结节和出血点

【预防措施】

1）疫苗接种原则上按照疫苗制造商提供的免疫程序使用。仔猪 21～28 日龄首免，细胞苗剂量 4 头份；60～65 日龄二免，细胞苗剂量 5 头份。疫场初生仔猪可行超前免疫，细胞苗剂量 3 头份，注苗后 1.5～2h 开始吮奶；在 35 日龄二免、60～65 日龄三免为宜，免疫剂量按照细胞苗 5 头份，或按照脾淋苗 1 头份。后备种猪配种前加强免疫一次，以后每年加强免疫一次，细胞苗剂量 4～5 头份。如有注射伪狂犬病弱毒苗，必须与本病免疫隔开一周时间。

2）加强猪瘟病的诊断工作，净化猪瘟病毒持续感染的种猪，加强种猪群猪瘟病毒强毒的监测，淘汰隐性感染或潜伏感染的种猪，清除引起仔猪先天感染和免疫耐受的传染源。

3）发病猪场或受到威胁并未发病的猪只可采取紧急免疫接种，减少或降低发病率，缩短该病的流行过程，减少猪瘟病毒感染的伤残率。

二、猪伪狂犬病

猪伪狂犬病（porcine pseudorabies，PR）是由伪狂犬病毒（pseudorabies virus，PRV）引起的猪和其他动物共患的一种急性、热性传染病。其特征以发热、脑脊髓炎为主。成年猪呈隐性感染，母猪出现妊娠流产、死胎及呼吸症状。仔猪一般表现为神经症状，新生仔猪还可见呕吐、腹泻，猪无明显的瘙痒症状。

【流行病学】 本病一年四季均可发生，但以冬、春两季和产仔旺季多发。病猪和带毒猪及带毒的鼠类是主要传染源，病毒通过鼻分泌物、唾液、乳汁、阴道分泌物、精液和尿排毒。健康猪可通过与病猪和带毒猪直接接触而感染，还可以经呼吸道、消化道、皮肤的伤口以及配种等发生感染，也可通过胎盘侵害胎儿。该病毒在规模化猪场中以飞沫在空气中扩散为主要传播途径。

【临床表现】 本病的潜伏期一般为3~6日。

（1）哺乳仔猪（1~4周龄） 发病后极为严重。15日龄以内的发病仔猪死亡率可达100%，新生仔猪感染发病后皮肤发红或灰青色、精神沉郁、体温升高、呼吸困难、兴奋不安、口角有大量泡沫或流涎、有的呕吐或腹泻、体表肌肉痉挛、眼球震颤、运动障碍；出现间歇性抽搐、角弓反张等神经症状。

（2）断奶仔猪 发病后以呼吸道症状为主，多见打喷嚏、流鼻涕、咳嗽、呼吸困难等症状。

（3）种公猪和基础母猪 发病后以繁殖障碍症状为主。出现流产，产死胎、木乃伊胎和弱仔，所产弱仔多在出生后1~3天内出现呕吐和腹泻及神经症状，36h内衰竭死亡。典型临床表现见图1-2-1~图1-2-4。

图1-2-1 前肢强直（徐有生）

图1-2-2 出现转圈的神经症状（林太明等）

图 1-2-3 出现劈叉姿势

图 1-2-4 乳猪眼结膜充血，口吐白沫

【病理剖检变化】 见图 1-2-5 ~ 图 1-2-18。

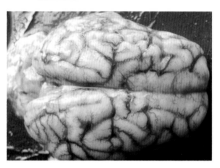

图 1-2-5 仔猪脑膜水肿、充血、出血

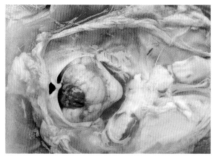

图 1-2-6 小脑出血（白挨泉等）

图 1-2-7 扁桃体被覆"伪膜"

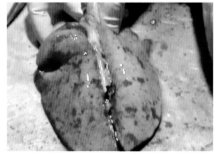

图 1-2-8 新生仔猪肺脏形成出血斑点（大叶性肺炎）

图 1-2-9　肝脏表面有白色坏死结节

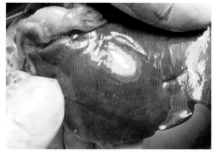

图 1-2-10　肝脏表面有白色点状结节
（5 日龄仔猪）

图 1-2-11　肝脏表面有白色结节，
胆汁充盈

图 1-2-12　脾脏出现坏死灶
（林太明等）

图 1-2-13　脾脏有白色坏死灶

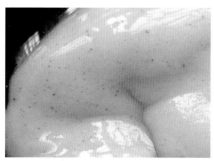

图 1-2-14　肾脏表面有针尖大小出血点

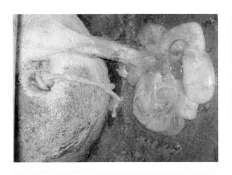

图 1-2-15　母猪早期流产

图 1-2-16　流产的胎儿（白挨泉等）

图 1-2-17　产下全窝木乃伊胎（徐有生）

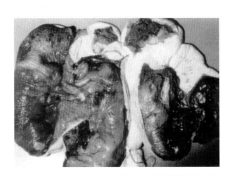

图 1-2-18　胎盘凝固样坏死和死胎

【鉴别诊断】　见表1-2。

表1-2　与猪伪狂犬病的鉴别诊断

病　名	症　状
猪瘟	便秘和腹泻交替出现。剖检全身淋巴结出血、呈大理石状,脾脏边缘有隆起的梗死灶,大肠有纽扣状溃疡
猪细小病毒病	初产母猪多发,并且发病母猪本身无明显症状,流产主要发生在70天以内,70天以后感染多能正常生产
猪繁殖与呼吸障碍综合征	感染猪群早期出现流感症状,仔猪高度呼吸困难、咳嗽。剖检主要病变为出血性肺炎或间质性肺炎
猪链球菌病	常伴有败血症和多发性关节炎症状。青霉素等抗生素治疗效果明显
猪布氏杆菌病	母猪流产前乳房肿胀、阴户流有黏液,产后流红色黏液,不出现神经症状,无木乃伊胎。公猪双侧睾丸肿胀。剖检子宫黏膜有黄色结节,胎盘有大量出血点
猪李氏杆菌病	出现全身衰弱症状,呼吸困难,多呈败血症,通常1~3天死亡
猪水肿病	断奶病猪脸部和眼睑水肿。剖检可见胃壁及结肠袢的肠系膜水肿
猪日本乙型脑炎	仅发生于蚊虫活动季节。仔猪呈现体温升高、精神沉郁、四肢腿脚轻度麻痹等神经症状。公猪多发生一侧性睾丸肿胀。妊娠猪多超过预产期才分娩。剖检可见脑室内黄红色积液,脑回肿胀、出血
猪衣原体病	仔猪发生慢性肺炎,角膜结膜炎及多发性关节炎。公猪出现睾丸炎、附睾炎、尿道炎、包皮炎。母猪流产前无症状
猪钩端螺旋体病	明显季节性,主要发生在7~10月,病猪表现黄疸、红尿
猪食盐中毒	体温正常,喜欢喝水。有吃食盐过多的病史

【预防措施】

1)猪场引进种猪后应进行1个月的严格的隔离检疫,引入前后采血检测IgE抗体的水平,尤其进入生产群前进行实验室监测。如果IgE抗体为阴性表明种猪未感染伪狂犬野毒,可混群饲养。

2)猪舍的环境、设施及用具等每周进行一次卫生消毒工作,做好灭鼠，严禁犬、猫及其他家畜和动物进入猪场。严控外购精液，禁止用外来公猪或污染公猪的精液进行人工授精。猪场的种猪群应每4~6个月采血检测一次，掌控猪场中该病疫情的动态。

3）一般繁殖母猪提倡接种灭活疫苗。目前多用基因缺失苗免疫，按照疫苗生产商提供的说明书使用，按疫苗瓶签注明的头份，每头份配专用稀释液1mL，稀释后进行肌内注射，后备母猪配种前和产前3周免疫2头份（2mL）。乳猪3日龄内滴鼻或注射，每只0.5mL（半头份），6~8周龄二免，注射1头份。公猪每年2次，每次免疫2头份（2mL），育肥猪或断奶仔猪应在2~4月龄用基因缺失苗免疫。

【治疗措施】

1）感染种猪采取净化措施。一是不免疫接种进行检测淘汰法：种猪群伪狂犬病毒阳性率低于10%，同时商品猪群血清学检测为阴性的猪场，进行每月检测一次，淘汰或扑杀血清学反应阳性猪，之后再经过两次检测，若都为阴性，即可确认阴性猪群。二是免疫接种后检测淘汰法：种猪群伪狂犬病阳性率比较高，同时商品猪群有感染现象的猪群。猪群种猪用猪伪狂犬病灭活苗和基因缺失苗免疫，每3个月一次，一年免疫4次。商品猪可在1~3日龄进行滴鼻和50~60日龄再免疫一次。采用该免疫计划连续3年以上，在免疫计划之初存在的种猪群被循环更换出猪群，之后进行猪群血清学检测，以确定感染水平。如果较低，就可以进行不免疫接种检测淘汰法实施转阴措施。如果感染水平很高，实施全群淘汰更新。

2）被感染猪场的育肥猪，可采取全面免疫接种。乳猪第一次可采用滴鼻免疫接种方式。仔猪、成年猪和母猪全部接种猪伪狂犬病弱毒疫苗。

3）本病目前无特效的治疗方法，对于感染本病的猪，可经腹腔注射抗猪伪狂犬病高免血清和猪用干扰素进行治疗，对断奶仔猪有明显的效果。面临威胁的猪群可采用紧急免疫方案，种猪全群普免，间隔2~3周加强免疫一次，每头每次4头份，以后每3~4个月免疫一次，每头每次4头份，猪群稳定后按照常规免疫程序；仔猪在1~3日龄滴鼻，每头每次1头份，8~10周龄和12~14周龄各加强免疫一次，每头每次2头份。

三、猪传染性胃肠炎

猪传染性胃肠炎（transmissible gastroenteritis of pigs，TGE）是由猪传

染性胃肠炎病毒引起的一种急性、高度接触性的肠道传染病。以呕吐、严重腹泻和脱水为特征，其中以仔猪的腹泻症状更为突出。

【流行病学】 本病只感染猪，不同年龄的猪均易感，10日龄以内的仔猪发病率和死亡率很高。每年的12月至次年的3月发病最多，夏季发病很少。该病群体发病，来势迅猛，传播迅速。病猪和带毒猪是主要传染源，它们从粪便、乳汁、鼻分泌物、呕吐物、呼出的气体中排出病毒，经消化道和呼吸道传染给易感猪。

【临床表现】 见图1-3-1 ~ 图1-3-9。

图1-3-1 保育猪脱水、消瘦
（白挨泉等）

图1-3-2 痊愈仔猪生长发育不良
（林太明等）

图1-3-3 腹泻，黄绿色粪便污染全身，明显脱水，消瘦（宣长和等）

图1-3-4 仔猪呕吐（徐有生）

图 1-3-5　新生仔猪水样腹泻
（白挨泉等）

图 1-3-6　生长猪排出黄色水样
稀粪（白挨泉等）

图 1-3-7　水样腹泻（林太明等）

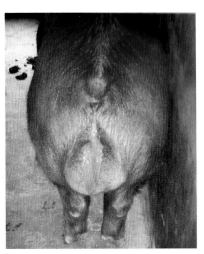

图 1-3-8　种公猪水样腹泻（林太明等）

图 1-3-9　水样腹泻，呈喷射状（宣长和等）

【病理剖检变化】　见图1-3-10～图1-3-16。

图1-3-10　胃膨胀，有积食
（林太明等）

图1-3-11　胃黏膜充血、坏死、
脱落，胃壁变薄（林太明等）

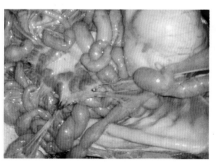

图1-3-12　肠系膜淋巴结肿大、出血，
小肠黏膜炎性充血、扩张（白挨泉等）

图1-3-13　肠壁变薄、透明，肠腔
内充满水样稀粪（白挨泉等）

图1-3-14　肠道充血、肠壁薄

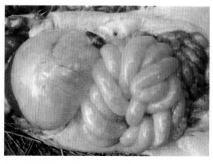

图1-3-15　胃和肠管臌气（林太明等）

图 1-3-16　空肠壁变薄、出血

【鉴别诊断】　见表 1-3。

表 1-3　与猪传染性胃肠炎的鉴别诊断

病　名	症　状
猪流行性腹泻	剖检小肠系膜充血，肠系膜淋巴结水肿，肠绒毛显著萎缩
猪轮状病毒病	剖检肠内容物呈浆液性或水样，胃底不出血
猪圆环病毒感染	伴有呼吸道症状。剖检脾脏和全身淋巴结异常肿大，肾脏有白斑，肺脏呈橡皮状
猪瘟	体温高，腹泻与便秘交替出现，全身呈败血症变化。慢性病猪回盲口可见纽扣状溃疡
猪副伤寒	多发于 2～4 月龄仔猪，粪便腥臭、混有血液和伪膜，病变部位主要在大肠
仔猪黄痢	7 日龄以上很少发病。剖检可见十二指肠和空肠的肠壁变薄，胃黏膜有红色出血斑
仔猪白痢	主要发生在 10 日龄至断奶猪，粪便为白色糊状，不呕吐。剖检肠壁薄、透明，肠黏膜不见出血
仔猪红痢（猪梭菌性肠炎）	粪便呈红褐色，不见呕吐。剖检病变主要在空肠，可见空肠出血、呈暗红色
猪痢疾	黏液性和出血性下痢。剖检可见结肠和盲肠黏膜肿胀、出血，大肠黏膜坏死、有伪膜
猪增生性肠炎	粪便呈黑色或血痢。剖检可见回肠和大肠病变部位肠壁增生变厚、肠管变粗

【预防措施】 目前，本病的商品疫苗有猪传染性胃肠炎、猪流行性腹泻二联灭活疫苗和猪传染性胃肠炎、猪流行性腹泻、猪轮状病毒三联活疫苗，按照生产商提供的说明书使用。由于每年11月至次年3月是本病的高发期，一般育肥猪先发病，随后迅速波及种猪群和仔猪群，防控本病的发生必须在11月之前使猪只建立起免疫力。坚持全群免疫，母猪全年产前跟胎免疫能有效防控产房仔猪腹泻。因此，母猪在每年9月和10月普免两次后，从11月开始将所有怀孕母猪坚持产前跟胎免疫能有效防控产房仔猪的病毒性腹泻。

（1）猪传染性胃肠炎、猪流行性腹泻二联灭活疫苗

1）经产母猪免疫接种方案一：每年9月初普免，每头每次4mL；间隔3~4周进行二免，每头每次4mL；以后经产母猪全年产前3~5周跟胎免疫，每头每次4mL。方案二：每年9月、10月普免2次，每头每次4mL；在12月至次年2月期间所有母猪加强免疫一次，每头每次4mL。

2）仔猪免疫接种：9月初至次年3月的哺乳仔猪，3周龄首免，一个月后加强免疫一次，每头每次2mL；9月初的保育猪，断奶后一周全群首免，一个月后加强免疫一次，每头每次3mL。

3）后备种猪免疫接种：9月至次年3月期间补栏的后备种猪在进入产群前完成2次免疫，间隔3周以上，每头每次4mL。

（2）猪传染性胃肠炎、猪流行性腹泻、猪轮状病毒三联活疫苗

1）后备母猪：配种前免疫两次，间隔3~4周，每头每次1头份。

2）经产母猪：产前6周首免，每头每次1头份；产前3周二免，每头每次1头份。常规免疫在产前4周进行，每头每次1头份。

3）仔猪：母猪免疫过的所产仔猪，断奶后7~10天进行免疫接种；母猪未免疫过的所产仔猪，在出生3日龄免疫接种，每头每次1头份。

（3）其他 哺乳仔猪感染后，死亡率可达100%。面临感染压力的初生乳猪，出生第一天肌内注射或灌服特异性抗体和猪用干扰素，每天一次，连用3天。哺乳母猪静脉注射10%葡萄糖500mL、氨苄西林钠4g、0.9%氯化钠500mL、维生素C 20mL，肌内注射维生素B_1 20mL，每天一次，连用2~3天。

【治疗措施】 该病无特效治疗方法，主要采取免疫预防和保健复壮支持措施。

1）康复猪的全血或血清给新生仔猪口服，有一定的预防和治疗作用。

2）病猪用抗菌药物、猪用干扰素等抗病毒制剂、止泻、保温和补液等方法进行对症治疗和防止并发症，同时保持仔猪舍温度（30℃）和干燥。补液可用口服补液盐（氯化钠3.5g、碳酸氢钠2.5g、氯化钾1.5g、葡萄糖20g、温开水1000mL）或葡萄甘氨酸溶液（葡萄糖22.5g、氯化钠4.75g、甘氨酸3.44g、柠檬酸0.27g、柠檬酸钾0.04g、无水磷酸钾2.27g、温开水1000mL），根据病情添加强力霉素、干扰素等让病仔猪自由饮服。将发病猪场的健康猪与非健康猪隔离，提高猪舍、器皿、用具等的消毒等级。

四、猪流行性腹泻

猪流行性腹泻（porcine epidemic diarrhea，PED）是由猪流行性腹泻病毒引起的一种急性、接触性肠道传染病，以水泻、呕吐和脱水为特征。

【流行病学】　各种年龄的猪对该病毒都很敏感，哺乳仔猪、断奶仔猪和育肥猪感染发病率100%，哺乳仔猪的病死率60%～100%。本病多发于冬季（12月至次年2月）。病猪是该病的主要传染源，病毒随粪便排出，污染周围环境和饲养用具，经消化道传染。

【临床表现】　哺乳仔猪感染后，精神沉郁、厌食、消瘦及衰竭；主要表现为呕吐、腹泻、脱水、运动僵硬等症状；腹泻开始时排黄色黏稠便，以后变成水样便并混有黄白色凝血块，最严重时，几乎全部为水样。育成猪症状较轻，出现精神沉郁、食欲不佳。成年猪仅发生呕吐和腹泻。典型临床表现见图1-4-1～图1-4-3。

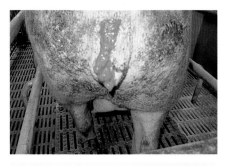

图1-4-1　母猪排灰色稀便

图 1-4-2　哺乳仔猪腹泻，排黄色或
水样稀便，粪便喷射至墙壁

图 1-4-3　病猪排黄色稀便

【病理剖检变化】　　病猪消瘦脱水，皮下干燥；胃内有多量黄白色的乳凝块；小肠肠管膨满扩张、充满黄色液体，肠壁变薄、肠系膜充血，肠系膜淋巴结水肿，小肠绒毛萎缩。典型剖检变化见图 1-4-4～图 1-4-8。

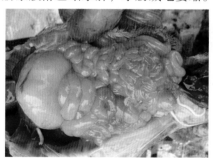

图 1-4-4　肠管鼓气、空虚

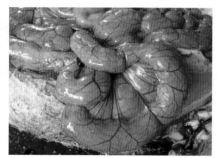

图 1-4-5　肠道充血、肠壁薄

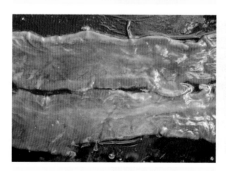

图 1-4-6　肠黏膜充血、肠壁薄

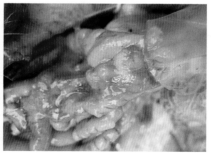

图 1-4-7　肠管内充满黄色黏液

图 1-4-8　胃底充血、出血

【鉴别诊断】　见表 1-4。

表 1-4　与猪流行性腹泻的鉴别诊断

病　名	症　状
猪传染性胃肠炎	剖检可见胃底黏膜潮红、溃疡，靠近幽门处有坏死区
猪轮状病毒病	剖检可见肠内容物呈浆液性或水样，胃底不出血
猪圆环病毒感染	伴有呼吸道症状。剖检可见脾脏和全身淋巴结异常肿大，肾脏有白斑，肺脏呈橡皮状
猪瘟	体温高，腹泻与便秘交替出现，全身呈败血症变化。慢性病猪回盲口可见纽扣状溃疡
猪副伤寒	多发于 2～4 月龄仔猪，粪便腥臭、混有血液和伪膜，病变部位主要在大肠
仔猪黄痢	7 日龄以上很少发病。剖检可见十二指肠和空肠的肠壁变薄，胃黏膜有红色出血斑
仔猪白痢	主要发生在 10 日龄至断奶，粪便呈白色糊状，不呕吐。剖检肠壁薄、透明，肠黏膜不见出血
仔猪红痢（猪梭菌性肠炎）	粪便呈红褐色，不见呕吐。剖检病变主要在空肠，可见出血、暗红色
猪痢疾	黏液性和出血性下痢。剖检可见结肠和盲肠黏膜肿胀、出血，大肠黏膜坏死、有伪膜

（续）

病　名	症　状
猪增生性肠炎	粪便呈黑色或血痢。剖检可见回肠和大肠病变部位肠壁增生变厚、肠管变粗

具体防治措施参考"猪传染性胃肠炎"的防治措施。

五、猪轮状病毒病

猪轮状病毒病（porcine rotavirus，RV）是一种主要感染多种年龄动物的急性肠道病毒性腹泻传染病，仔猪以精神委顿、厌食、呕吐、下痢、脱水、体重减轻为特征，中猪和大猪为隐性感染，没有症状。

【流行病学】　猪轮状病毒病具有传染性，患病的人、畜及隐性感染的带毒猪，都是重要的传染源，经消化道途径传播。以新生和幼龄动物发病为主，成年动物常呈隐性经过，初产母猪的仔猪比经产母猪的仔猪更易感。猪场出现该病毒感染可反复发生再次感染。本病的潜伏期一般很短，为12～24h。1～3周龄仔猪的感染率高于4～6周龄仔猪。轮状病毒感染具有明显的季节性，多发生于晚秋、冬季至早春的季节。应激因素特别是寒冷潮湿、不良的卫生条件、劣质饲料和其他疾病侵袭，对该病的病情和病死率都有很大影响。

【临床表现】　病初，病猪的精神沉郁，食欲不振，不愿走动，有些乳猪吃奶后呕吐，继而腹泻，粪便呈黄白、黄绿或暗黑色，水样或糊样，严重者带有黏液和血液。症状的轻重取决于发病猪的日龄、免疫状态和环境条件，缺乏母源抗体保护的刚出生后几天的乳猪，症状最重，环境温度下降或继发大肠杆菌病时，常使症状加重，病死率增高，死亡率可高达100%；如果有母源性抗体保护，则1周龄的乳猪一般不易感染发病；1～21日龄乳猪感染后的症状较轻，腹泻数日即可康复，病死率很低；3～8周龄或断乳2天的仔猪，病死率一般为10%～20%，严重时可达50%。典型临床表现见图1-5-1～图1-5-3。

图1-5-1　猪腹泻，粪便呈黄白色乳酪样

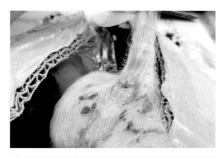

图 1-5-2 猪腹泻

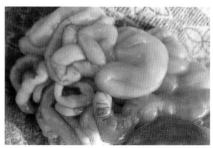

图 1-5-3 肠壁薄，水样内容物

【病理剖检变化】 病变主要限于消化道。胃积食、弛缓，内充满凝乳块和乳汁。小肠肠管薄、半透明，肠内容物为浆液性或水样、呈灰黄色或灰黑色。小肠中前段肠壁较薄，肠管膨大，内含大量水样、絮结的黄色或灰色液体。腹泻 24h 后，小肠肠管逐渐平复，肠管壁的厚度也逐渐恢复。小肠后 2/3 部位的乳糜管中不含乳糜，相关的肠系膜淋巴结小而呈棕黄色。盲肠和结肠也含类似内容物而胀大。在 21 日龄以上的猪中，肉眼观察损害较轻。肠系膜淋巴结水肿，胆囊肿大。典型剖检变化见图 1-5-4 和图 1-5-5。

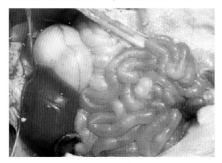

图 1-5-4 小肠肠管薄、半透明

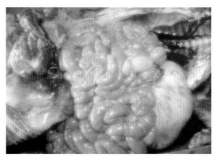

图 1-5-5 小肠水样腹泻

【鉴别诊断】 见表 1-5。

表 1-5 与猪轮状病毒病的鉴别诊断

病 名	症 状
猪传染性胃肠炎	2 周龄以下仔猪以呕吐，严重腹泻，脱水和高死亡率（通常 100%）为特征。各种年龄的猪均有易感性，10 日龄以内仔猪的发病率和死亡率很高，而断奶猪、育肥猪和成年猪的症状较轻

（续）

病　名	症　状
猪流行性腹泻	不仅发生于成年猪而且发生在小猪，感染率近乎100%，哺乳仔猪死亡率平均60%，临床上以拉水样粪便、呕吐、脱水为特征，目前其流行无季节性，全年均可发生
仔猪白痢	病猪无呕吐，排出白色糊状稀便，带有腥臭的气味。剖检见小肠呈卡他性炎症变化，肠绒毛有脱落变化，多无萎缩性变化
仔猪黄痢	常发生于1周龄内的乳猪，发病率和死亡率均高；少有呕吐，排黄色稀便。剖检见急性卡他性胃肠炎变化，其中以十二指肠的病变最为明显，胃内含有多量带酸臭的白色、黄白色甚至混有血液的乳凝块
仔猪副伤寒	主要发生于断奶后的仔猪，1月龄以内的乳猪很少发病。病猪的体温多升高，病初便秘，后期灰绿下痢、腥臭。剖检见急性病例呈败血症变化；慢性病例有纤维素性坏死性肠炎变化

【预防措施】

1）严格科学防疫，建立防护屏障。全场免疫猪传染性胃肠炎、猪流行性腹泻、猪轮状病毒三联活疫苗，可按照疫苗制造商提供的说明书使用。猪传染性胃肠炎、猪流行性腹泻、猪轮状病毒三联活疫苗的推荐免疫程序如下：

后备母猪：配种前免疫两次，间隔3~4周，每头每次1头份。

经产母猪：产前6周首免，每头每次1头份；产前3周二免，每头每次1头份。常规免疫在产前4周进行，每头每次1头份。

仔猪：母猪免疫过的所产仔猪，断奶后7~10天进行免疫接种；母猪未免疫过的所产仔猪，在出生3日龄免疫接种，每头每次1头份。

⚠注意：进针深度随猪龄增大而加深。3日龄内仔猪倒提，垂直或稍向背部刺入，深度为0.5cm，断奶仔猪进针，深度为1cm，保育猪进针，深度为2cm，育肥猪进针深度为3cm，成猪为水平（与直肠平行）或稍偏上进针，深度为4cm。免疫部位：交巢穴位（即尾根与肛门中间凹陷的小窝部位）。

2）在疫区要使新生仔猪及早吃到初乳，因初乳中含有一定量的保护性抗体，仔猪吃到初乳后可获得一定的抵抗力。

3）猪舍及用具经常进行消毒，可减少环境中病毒含量，也可防止一些细菌的继发感染，减少发病的机会。

4）发现病猪立即隔离到清洁、消毒、干燥和温暖的猪舍中，用葡萄糖盐水给病猪自由饮用。哺乳仔猪停止喂乳，实施人工哺乳，投服收敛止泻剂，采用腹腔注射抗生素和磺胺类等药物以防止继发性细菌感染。有条件的静脉注射葡萄糖盐水（5%~10%）和碳酸氢钠溶液（3%~10%），以防治脱水和酸中毒。

5）控制霉菌毒素中毒，可以在饲料中添加一定比例的脱霉剂，同时加入优质多种维生素。

【治疗措施】 本病尚无特异性的治疗方法。

1）补液。采取内服肠道收敛剂、免疫球蛋白制剂，饲喂葡萄糖-甘氨酸的电解质溶液（葡萄糖22.5g、氯化钠4.74g、甘氨酸3.44g、柠檬酸钠0.27g、枸橼酸钾0.04g和无水磷酸钾2.27g溶入1000mL水中即可）或葡萄糖盐水添加谷氨酰胺等措施供猪只自由饮用，以最大限度地减轻由轮状病毒感染引起的脱水和体重下降。

2）抗菌药物结合猪用干扰素可防止继发感染，缓解胃肠道平滑肌的痉挛性疼痛。辅以硫酸阿托品注射液，每千克体重0.02~0.05mg或氢溴酸东莨菪碱注射液一次量0.2~0.5mg。葡萄糖盐溶液给发病猪口服，配方为氯化钠3.5%、碳酸氢钠2.5g、氯化钾1.5g、葡萄糖20g、温开水1000mL混合溶解，每千克体重口服此液30~40mL，每天2次，同时，进行对症治疗，内服收敛剂，使用抗生素和磺胺类药物，以防止继发感染。腹腔注射5%葡萄糖盐水和5%碳酸氢钠溶液，可防止脱水和酸中毒。

六、猪大肠杆菌病

猪大肠杆菌病（swine colibacillosis）是由致病性大肠杆菌感染新生幼猪而引起的一组急性传染病，由于猪生长期不同所涉及的病原菌血清型的差异，产生的疾病也不相同。常见仔猪黄痢、仔猪白痢和仔猪水肿病，以发生肠炎、肠毒血症为特征。

【流行病学】

（1）仔猪黄痢 主要发生于出生后1周以内的仔猪，1~3日龄最为常见。带菌猪是主要传染源，仔猪主要是经过消化道感染本病。没有季节性，一次流行，经久不断。

（2）**仔猪白痢** 10～30日龄仔猪多发的肠道传染病，常与应激因素有关。饲料更换、气候反常、冷热不定、阴雨潮湿和一些免疫抑制病的隐性感染均可促使本病的发生。

（3）**仔猪水肿病** 主要发生于断奶前后的仔猪，通过消化道传播，发病突然，病程短，死亡快，死亡率高。春、秋季节多发，主要传染源是带菌母猪和发病仔猪。

【临床表现】

（1）**仔猪黄痢** 见图1-6-1～图1-6-4。

图1-6-1 **严重脱水**（白挨泉等）

图1-6-2 **排黄色糊状稀粪**
（白挨泉等）

图1-6-3 **腹泻污秽环境**（白挨泉等）

图1-6-4 **新生仔猪腹泻、消瘦、
脱水、衰弱、拉出的粪便呈
土黄色**（徐有生）

（2）**仔猪白痢** 见图1-6-5和图1-6-6。

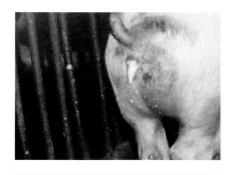

图1-6-5 腹泻，排出石灰浆样粪便（徐有生）

图1-6-6 严重腹泻，时间长久时脱水、衰弱、消瘦、不能站立（徐有生）

（3）**仔猪水肿病** 见图1-6-7和图1-6-8。

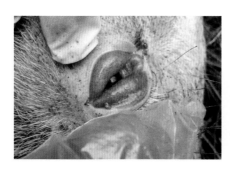

图1-6-7 眼水肿、瘀血

图1-6-8 倒地、四肢乱划似游泳状（林太明等）

【病理剖检变化】

（1）**仔猪黄痢** 见图1-6-9～图1-6-16。

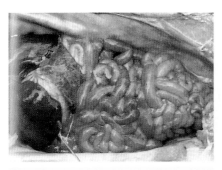

图 1-6-9　腹腔脏器和肠黏膜上有
黄白色絮状纤维蛋白附着，
肠严重充血（徐有生）

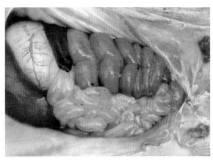

图 1-6-10　腹股沟淋巴结肿大、
出血，脾脏肿大，肠内容物
呈黄色，内有气体（徐有生）

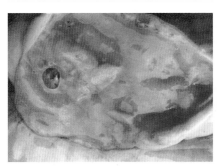

图 1-6-11　胃内容物黄色黏稠，
内有气泡（徐有生）

图 1-6-12　胃内充满凝乳块
（白挨泉等）

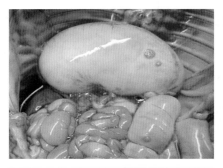

图 1-6-13　胃、肠道充气，肠壁薄

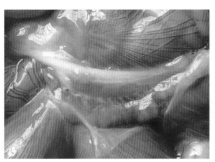

图 1-6-14　肠系膜淋巴结出血

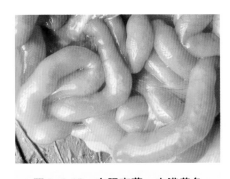

图 1-6-15 空肠变薄，充满黄色
泡沫样液体

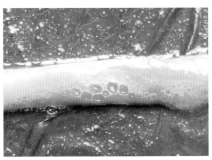

图 1-6-16 空肠壁薄，含有黄色
泡沫状内容物

（2）仔猪白痢 见图 1-6-17 和图 1-6-18。

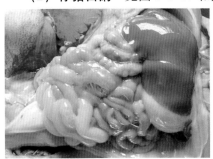

图 1-6-17 肝脏发黄，肠壁薄，
内有白色泡沫样液体

图 1-6-18 胃、肠壁薄，充满
白色泡沫样液体

（3）仔猪水肿病 见图 1-6-19 ~ 图 1-6-24。

图 1-6-19 头部皮下有透明胶样渗出物

图 1-6-20 脑水肿（白挨泉等）

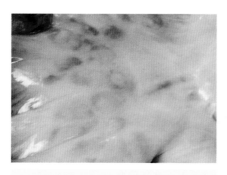

图 1-6-21　肠系膜淋巴结肿大、
　　　　　　出血（白挨泉等）

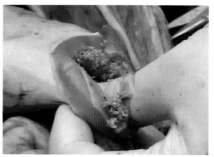

图 1-6-22　胃壁水肿、增厚，
　　　　　　内有胶样渗出物

图 1-6-23　胃大弯壁胶样水肿

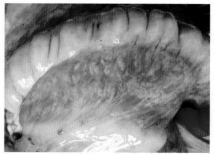

图 1-6-24　结肠袢胶样水肿

【鉴别诊断】　见表 1-6。

表 1-6　与猪大肠杆菌病的鉴别诊断

病　　名	症　　状
猪传染性胃肠炎	仔猪群发性水样腹泻发病。剖检可见胃底黏膜潮红、溃疡，靠近幽门处有坏死区
猪流行性腹泻	仔猪群发性水样腹泻发病。剖检小肠系膜充血，肠系膜淋巴结水肿，肠绒毛显著萎缩
猪轮状病毒病	剖检肠内容物呈浆液性或水样，胃底不出血

（续）

病　　名	症　　状
猪圆环病毒感染	渐进性消瘦、黄疸，伴有呼吸道症状。剖检脾脏和全身淋巴结异常肿大，肾脏有白斑，肺脏呈橡皮状
猪瘟	体温高，腹泻与便秘交替出现，全身呈败血症变化。慢性病猪回盲口可见纽扣状溃疡
猪伪狂犬病	体温高，眼红，昏睡，流涎，肌肉痉挛，角弓反张。剖检鼻腔、喉、咽等处有炎性浸润
猪副伤寒	多发于 2～4 月龄仔猪，粪便腥臭、混有血液和伪膜，病变部位主要在大肠
仔猪红痢	粪便呈红褐色，不见呕吐。剖检病变主要在空肠，可见出血、暗红色
猪增生性肠炎	粪便呈黑色或血痢。剖检可见回肠和大肠病变部位肠壁增生变厚、肠管变粗
猪痢疾	黏液性和出血性下痢。剖检结肠和盲肠黏膜肿胀、出血，大肠黏膜坏死、有伪膜
猪链球菌病	各种年龄的猪均易感，常伴有败血症变化。剖检脑膜充血、出血
猪硒缺乏症	剖检皮肤、四肢、躯干肌肉色浅，心肌横径增厚，呈桑葚样，有灰白色条纹坏死灶
猪维生素 B_1 缺乏症	体温不高，呕吐，腹泻，消化不良，运动麻痹，股内侧水肿，皮肤发绀。剖检仅见神经有明显病变

【预防措施】

1）做好猪舍消毒工作，加强对母猪的饲养管理和清洁卫生，仔猪出生后及时吃到足够的初乳，做好仔猪的保温。

2）对大肠杆菌引起的哺乳仔猪腹泻，应在母猪产前接种大肠杆菌 K88、K99、987P 三价灭活苗或 K88、K99 双价基因工程苗。按照疫苗生产商提供的疫苗说明书使用，仔猪大肠埃希氏菌病三价灭活苗推荐免疫程序：7 日龄仔猪免疫一次，每头每次 1mL；头胎母猪产前 6 周、3 周各免疫一次，每头每次 2mL；经产母猪产前 3 周免疫一次，每头每次 2mL。

【治疗措施】

1）仔猪发病，早期治疗治愈率较高。发病中后期，对于仔猪黄痢和仔猪白痢，恩诺沙星、庆大霉素、卡那霉素、硫酸粘杆菌素等药物，同时进行补液，并辅以收敛止泻、防止酸中毒等措施，均有治疗作用。

2）用微生态制剂乳前灌服或在补料时添加，加强乳猪的胃肠菌群平衡，改善、增强肠道屏障防御功能。

3）对于水肿病，目前还缺乏特异性的治疗方法，必要时在 18 日龄乳猪接种仔猪水肿病灭活苗。补硒和维生素 E，减少应激因素。一般用抗菌药物口服，用盐类泻剂，以抑制或排除肠道内的细菌及产物。

七、猪副伤寒

猪副伤寒（swine salmonellosis）即猪沙门氏菌病，是由沙门氏菌（salmonella）引起的 2～4 月龄仔猪发生的一种传染病，以急性败血症、慢性坏死性肠炎、顽固性下痢为特征。

【流行病学】 各种年龄的猪只均可感染本病，幼龄更易感，主要侵害断奶至 4 月龄的仔猪。一年四季均有发生，当饲养条件差，如转群并圈、长途运输、密度大而拥挤、气候骤变、潮湿或营养缺乏等可诱发，在多雨潮湿的季节发病较多，也经常继发于猪瘟流行过程中。病猪和带菌猪是主要的传染源，可由粪便、尿、乳汁以及流产的胎儿、胎衣和羊水排出病菌，经消化道传染健康猪。

【临床表现】

（1）急性型 主要见于断奶前后的仔猪，表现为体温升高、精神沉郁、食欲废绝。出现下痢、呼吸困难等症状。耳根、后躯及腹下部皮肤有紫红色斑点。典型临床表现见图 1-7-1。

（2）慢性型 见图 1-7-2。

图 1-7-1 急性型病猪消瘦、耳部皮肤发绀（宣长和等）

图 1-7-2 耳朵、颜面、肢体末梢皮肤呈弥漫性紫斑（林太明等）

【病理剖检变化】

(1) 急性型 见图 1-7-3 ~ 图 1-7-8。

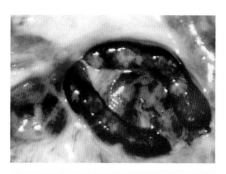

图 1-7-3 肠系膜淋巴结肿大、
出血

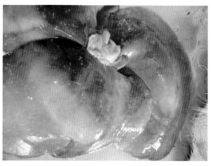

图 1-7-4 肝脏肿大，表面有黄白色
坏死结节（伤寒结节）

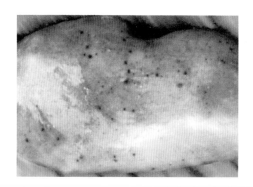

图 1-7-5 肾脏大片瘀血，呈蓝紫色，其上有菜籽粒大的出血（徐有生）

图 1-7-6 脾脏肿大，坚韧似橡皮样（白挨泉等）

图 1-7-7 小肠呈卡他性炎

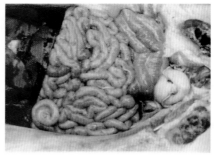

图 1-7-8 腹股沟淋巴结肿大、出血，脾脏肿大（徐有生）

（2）慢性型 见图 1-7-9 ~ 图 1-7-19。

图 1-7-9 肠系膜淋巴结呈索样肿，切面灰白（宣长和等）

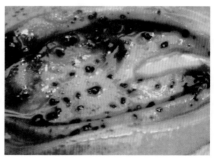

图 1-7-10 胆汁脓稠，胆黏膜上散在芝麻粒大棕色溃烂灶和结痂（徐有生）

图 1-7-11 散在喉头溃疡性伪膜

图 1-7-12 结肠形成伪膜，肠壁增厚

图 1-7-13　结肠表面附着一层浅表
的黑色麸状伪膜

图 1-7-14　结肠表面附着一层浅表
的黄色麸状伪膜

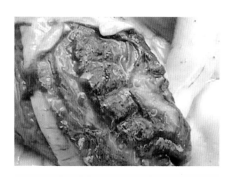

图 1-7-15　结肠出血

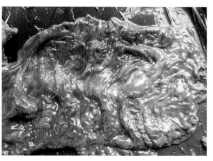

图 1-7-16　盲肠出血严重

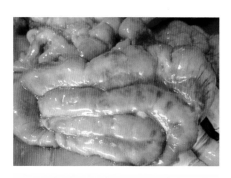

图 1-7-17　结肠浆膜有出血斑

图 1-7-18　结肠黏膜有溃疡斑

图 1-7-19　肺脏有灰黄色小斑点

【鉴别诊断】　见表 1-7。

表 1-7　与猪副伤寒的鉴别诊断

病　名	症　状
猪瘟	可感染所有年龄的猪只。剖检回盲瓣有纽扣状溃疡，肾脏、膀胱点状出血，脾脏有梗死，淋巴结呈大理石样外观。抗生素治疗无效
猪圆环病毒感染	伴有呼吸道症状，剖检脾脏和全身淋巴结异常肿大并多汁，肾脏有白斑，肺脏呈橡皮状
猪传染性胃肠炎	短暂呕吐，水样粪中含有凝乳块。剖检胃黏膜充血，小肠壁薄、透明，充满泡沫状液体
猪肺疫	可感染所有年龄的猪只。剖检胸腔纤维素附着，肺脏灰黄色、灰白色坏死灶，肝变区扩大，内含干酪样物质
猪痢疾	黏液性和出血性下痢，后期粪便呈胶冻样。剖检盲肠和结肠肿胀、出血、内容物呈酱色，大肠黏膜可见坏死，有黄色和灰色伪膜
猪附红细胞体病	可视黏膜充血或苍白，耳发绀，血稀。剖检皮下脂肪黄染，血液凝固不良
猪增生性肠炎	粪便呈黑色或血痢。剖检可见回肠和大肠病变部位肠壁增生变厚、肠管变粗

【预防措施】　加强饲养环境卫生的清洁，消除发病诱因。常发病的猪群或猪场可预防免疫接种仔猪副伤寒菌苗，断奶或 1 月龄以上的仔猪晨

起空腹口服 1~2 头份，免疫前后一周内禁止投用抗菌药物。

【治疗措施】 发病猪，在隔离、消毒的基础上及早对症治疗：

1）首选氟苯尼考内服，一次量为每 1kg 体重 50~100mg，每天 2 次，连用 3~5 天，辅以硫酸粘杆菌素内服，一次量为每 1kg 体重 1.5~5mg，或混饲每 1000kg 饲料添加 2~20g（以黏菌素计），每天 1~2 次。氟苯尼考肌内注射剂量为每天按仔猪每 1kg 体重 10~30mg，分 2~3 次注射，连续用药 3~5 天；病情较重者可连续用药 5~7 天。

2）每 1000kg 饲料中添加 10% 恩诺沙星 1000g+阿莫西林 300g，连用 5~7 天。

3）土霉素、复方新诺明、新霉素、庆大霉素、磺胺类药物等抗生素对本病均有很好的疗效。另外，一些中草药制剂如黄连、黄芩、黄檗、白头翁等清热燥湿、凉血解毒、涩肠止泻、滋阴生津、杀菌消炎的作用明显，如每 1000kg 饲料中添加白头翁散或银翘散 1000g、金霉素 120g，仔猪断奶当天投用，连用 7 天。中西药结合，疗效显著。

八、猪增生性肠炎

猪增生性肠炎（hyperplastic enteritis of piglets，PPE）又称猪回肠炎、猪坏死性肠炎、猪腺瘤病等，是由猪细胞内劳森菌所引起的一组具有不同特征病理变化的疾病群，主要发生于生长肥猪和成年猪，是以血痢、顽固性或间歇性下痢，脱水及生长缓慢为特征的消化道疾病。

【流行病学】 本病可感染不同年龄、品种的猪，以 6~20 周龄，白色品种的猪较易感。病猪和带菌猪通过粪便排出病原菌，经消化道传染给健康猪只，临床上多数猪呈隐性感染。气候骤变、长途运输、更换饲料等应激因素可成为本病的诱因。猪场很难杜绝该病的发生。

【临床表现】

（1）急性型 病猪一般突然死亡，大部分死亡前排焦黑色粪便或血痢。

（2）慢性型 主要表现为食欲减退、下痢、粪便呈糊状或水样。体重下降、生长缓慢，脱水，被毛粗乱。

（3）隐性型 一般无明显临床症状，偶见轻微下痢，但生长缓慢。典型临床表现见图 1-8-1~图 1-8-5。

图 1-8-1　患猪排出的砖红色稀粪

图 1-8-2　病猪拉红棕色粪便

图 1-8-3　褐色稀粪

图 1-8-4　病猪粪便中带有血块

图 1-8-5　猪营养不良、皮肤苍白（白挨泉等）

【病理剖检变化】 见图 1-8-6 ~ 图 1-8-15。

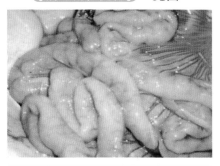

图 1-8-6 回肠肠管变粗，
肠壁增厚

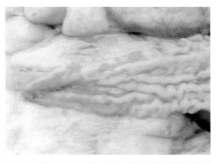

图 1-8-7 患猪回肠黏膜脑回样皱褶
（纵向）（白挨泉等）

图 1-8-8 患猪结肠形成伪膜，肠壁
增厚（白挨泉等）

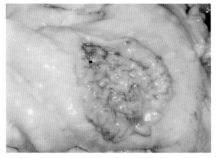

图 1-8-9 结肠黏膜点状出血
（白挨泉等）

图 1-8-10 回肠黏膜增生

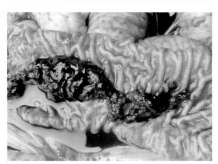

图 1-8-11 肠腔内充满血性粪便
（白挨泉等）

图1-8-12　回肠中可见黑色焦油
粪便（林太明等）

图1-8-13　结肠黏膜呈棕
褐色"伪膜"

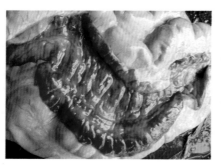

图1-8-14　结肠黏膜充血

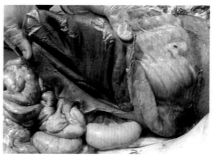

图1-8-15　慢性盲肠炎（胶皮管样变）

【鉴别诊断】　见表1-8。

表1-8　与猪增生性肠炎的鉴别诊断

病　名	症　状
猪流行性腹泻	剖检小肠系膜充血，肠系膜淋巴结水肿，肠绒毛显著萎缩
猪轮状病毒病	剖检肠内容物呈浆液性或水样，胃底不出血
猪传染性胃肠炎	剖检可见胃底黏膜潮红、溃疡、靠近幽门处有坏死区
猪圆环病毒感染	伴有呼吸道症状。剖检脾脏和全身淋巴结异常肿大，肾脏有白斑，肺脏呈橡皮状

（续）

病　名	症　状
猪副伤寒	多发于 4 月龄以内的断奶仔猪。剖检肝脏有白色坏死灶、脾脏肿大、触及似橡皮样，盲肠、结肠壁局灶性或弥漫性增厚，上覆伪膜，下有溃疡，边缘不整，胆囊黏膜坏死
仔猪黄痢	7 日龄以上很少发病。剖检十二指肠和空肠的肠壁变薄，肠内有黄色糊状黏性内容物，胃黏膜有红色出血斑
仔猪白痢	粪便呈白色糊状，不呕吐。剖检肠壁薄、透明，肠黏膜不见出血
仔猪红痢（猪梭菌性肠炎）	粪便呈红褐色，不见呕吐。剖检病变主要在空肠，可见出血、暗红色。多见 3 日龄内乳猪
猪痢疾	黏液性和出血性下痢。剖检结肠和盲肠黏膜肿胀、出血，大肠黏膜坏死、有伪膜
猪药源性伪膜性肠炎	有长期或错误的用药史，猪持续性腹泻或便秘，群发性

【预防措施】　加强猪舍的消毒、卫生清洁工作，猪舍内猪实行全进全出、落实生物安全措施规范，有病猪场按照清洗、消毒、干燥空置、消毒、进猪的方式进行养殖。首选季铵盐和碘与碘化物类消毒剂。

预防性投用抗生素制剂可采取间断性、脉冲式的给药方式，给药途径包括饮水给药或药物拌料。敏感药物泰妙菌素混饮，每 1L 水 40～60mg（以泰妙菌素计）、连用 5～7 天。

【治疗措施】　治疗上主要使用抗生素制剂，泰妙菌素、泰万菌素、替米考星和沃尼妙林特效。泰乐菌素、四环素、红霉素和硫粘菌素均有一定疗效。

（1）发病猪群　混饲每 1000kg 饲料泰妙菌素 150g（或替米考星 400g）+ 强力霉素 150g，后备母猪配种前每月投用，连用 7～10 天；生产母猪产前产后各连用 7 天。断奶仔猪更换饲料时连用 7～14 天可同时预防多种疾病的混合感染。

（2）发病猪只　肌内注射泰妙菌素、泰乐菌素或替米考星，每 1kg 体重 10mg，每天 2 次，连用 2～3 天。替米考星注射液应慎用，其毒性作用影响心血管系统而导致呼吸加快、呕吐和惊厥。

九、猪梭菌性肠炎（大猪红肠病）

猪梭菌性肠炎（clostridium welchii）又称仔猪传染性坏死性肠炎，俗称"仔猪红痢"，是由 C 型魏氏梭菌引起的新生仔猪的一种肠毒血病；成年猪主要是由 A、C、D 型魏氏梭菌引起的大猪肠毒血症，又称"红肠病"。

【流行病学】　本病多数在秋末冬初尤其在气候变化异常、阴雨潮湿的条件下流行，且本病不分年龄性别品种均可发病。常见于 1~3 日龄仔猪，1 周龄以上仔猪发病率减少，仔猪可暴发流行，常整窝发病，病死率 20%~70%，种猪和育肥猪呈零星散发，多发于 90~180 日龄，突然发病，病程短、也有不见任何先兆症状突然死亡。猪场一旦发生本病不易清除。

【临床表现】

（1）最急性型　仔猪出生数小时至 1 天突然发生血痢，很快衰弱、虚脱而死；也有个别不见血痢即死。大猪发病后虚弱，很快变为濒死状态，病猪常于发病的当天或第 2 天死亡。

（2）急性型　排红褐色液状稀粪，内有灰白色坏死组织碎片。病猪很快脱水和虚脱，病程多为两天，一般于发病后的第 3 天死亡。典型临床表现见图 1-9-1~图 1-9-4。

图 1-9-1　**病猪拉血样粪便**
（甄辑铭）

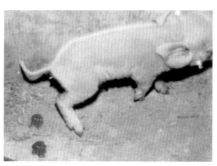

图 1-9-2　**病猪拉红褐色液状稀粪，脱水**（甄辑铭）

图1-9-3　病死猪腹部鼓胀　　图1-9-4　病死猪腹部鼓胀，皮肤苍白

（3）亚急性型　病猪初拉黄色软便，后变成清液状的"米粥汤"，内含灰色坏死组织碎片，常死于5~7日龄。

（4）慢性型　拉灰黄糊状粪，进行性消瘦、衰弱，生长停滞，于数周后死亡或被淘汰。

【病理剖检变化】

（1）最急性型　见图1-9-5~图1-9-9。

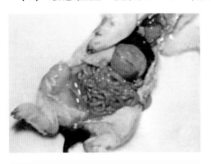

图1-9-5　肠腔内的血样粪便（甄辑铭）　　图1-9-6　空肠黏膜呈暗红色

图1-9-7　肠壁和肠系膜淋巴　　图1-9-8　胃底黏膜弥漫性出血
　　　　　结肿大、出血

图 1-9-9 肠管全部出血性病变

（2）急性型 见图 1-9-10～图 1-9-19。

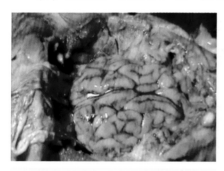

图 1-9-10 脑充血

图 1-9-11 腹腔积液、胃鼓胀、
肠管臌气呈暗红色

图 1-9-12 肠系膜淋巴结
水肿、出血

图 1-9-13 肠系膜淋巴结水肿、出血

图 1-9-14　十二指肠黏膜出血

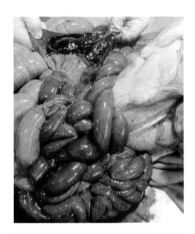

图 1-9-15　小肠出血

图 1-9-16　回肠黏膜出血

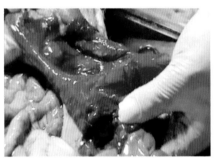

图 1-9-17　盲肠黏膜出血

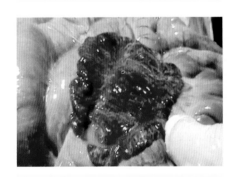

图 1-9-18　结肠黏膜肿胀、出血

图 1-9-19　直肠黏膜充血、出血

【鉴别诊断】 见表1-9。

表1-9 与猪梭菌性肠炎的鉴别诊断

病　名	症　状
仔猪黄痢	粪便呈黄色浆状。剖检胃内充满酸臭的凝乳块，部分黏膜有红色血斑，十二指肠膨胀、变薄，肠黏膜、浆膜充血、出血、水肿
仔猪白痢	粪便呈乳白色。剖检胃黏膜充血、出血、水肿，有少量凝乳块，肠壁薄、半透明，肠内有大量气体和少量酸臭粪便
猪伪狂犬病	昏睡，流涎，呕吐，肌肉痉挛，癫痫。剖检鼻出血性或化脓性炎，喉、咽、会厌有炎性浸润，肺脏水肿，胃底大面积出血，小肠黏膜出血、水肿
猪传染性胃肠炎	粪便水样，含未消化的凝乳块。剖检整个小肠气性膨胀，胃底潮红、有黏液覆盖
猪流行性腹泻	粪便中含黄白色凝乳块。剖检胃内大量黄白色凝乳块，小肠膨满扩张，肠壁变薄，小肠系膜充血，肠淋巴结水肿
猪痢疾	黏液性和出血性下痢，后期粪便呈胶冻样。剖检盲肠和结肠肿胀、出血、内容物呈酱色，大肠黏膜可见坏死、有黄色和灰色伪膜
猪增生性肠炎	粪便呈黑色或血痢。剖检可见小肠尤其是回肠部位发生病变，肠壁增厚、肠管变粗
猪药源性伪膜性肠炎	有长期或错误的用药史，猪持续性腹泻或便秘，群发性

【预防措施】 加强临产母猪的饲养管理，做好产房环境和母猪周身的清洁、卫生和消毒工作。

1）疫场母猪产前30天和15天各免疫接种1次仔猪红痢氢氧化铝菌苗5~10mL，或仔猪红痢干粉菌苗（氢氧化铝盐水溶解）1mL。连续用疫苗2胎的母猪以后则于产前15天注射疫苗1次即可。

2）未注疫苗的种猪场，当第一头病仔猪拉红痢时，每头每次用林可霉素和大观霉素0.5g、恩诺沙星可溶性粉2.5~5mg，加少量凉开水调成糊状，抹入病仔猪舌根部，每天2次，对未发病同窝仔猪每天1次，连用3~4天；对其他刚出生仔猪每头则用青霉素、链霉素各10万单位，加适量注射用水稀释灌服后开奶。

【治疗措施】

1）对于发病猪的猪群可投用喹诺酮类药物（恩诺沙星）、多西环素等药物防治，混饲拌料，连用 3 ~ 5 天，对防治本病有较好的效果。

2）群体预防，可选用具有清热燥湿、凉血解毒功效的中药制剂阻止瘟疫热毒侵袭。如白头翁汤或黄芩黄连解毒汤加减，煎水灌服，每天 2 次，连用 3 ~ 5 天。

十、猪痢疾

猪痢疾（swine dysentery，SD）是由致病性猪痢疾密螺旋体引起的猪特有的一种肠道传染病，又称猪血痢、黏液出血下痢、黑痢。特征为大肠黏膜发生卡他性、出血性及坏死性肠炎。

【流行病学】 本病可感染不同品种、年龄的猪，7 ~ 12 周龄的小猪发生较多。一年四季均有发生，主要集中在 4 ~ 5 月和 9 ~ 10 月。病猪和带菌猪是主要传染源，经常随粪便排出大量病菌，通过消化道传染给健康猪。转群并圈、运输、拥挤、环境的改变、更换饲料等各种不良应激因素均可促使该病的发生和流行。

【临床表现】 见图 1-10-1 ~ 图 1-10-4。

图 1-10-1 精神不振，排出红色
糊状粪便，尾根、后肢被粪
便沾污（林太明等）

图 1-10-2 消瘦、下痢便血
（宣长和等）

图 1-10-3　粪便稀、呈褐色、内含
血丝（徐有生）

图 1-10-4　排出的带有脱落肠黏膜
的血色稀粪（白挨泉等）

【病理剖检变化】　见图 1-10-5～图 1-10-10。

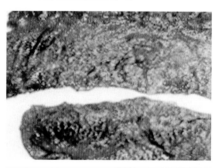

图 1-10-5　盲肠壁水肿、溃疡
（白挨泉等）

图 1-10-6　结肠浆膜出血
（白挨泉等）

图 1-10-7　结肠水肿、出血

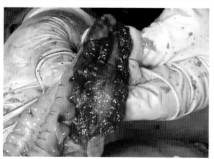

图 1-10-8　结肠黏膜出血、坏死

图 1-10-9 结肠黏膜坏死并形成
伪膜，呈豆腐渣样
（林太明等）

图 1-10-10 结肠黏膜肿胀、呈脑
回样、弥散性、暗红色、
附有散在的出血凝块

【鉴别诊断】 见表 1-10。

表 1-10 与猪痢疾的鉴别诊断

病　名	症　状
猪传染性胃肠炎	剖检可见胃底黏膜潮红、溃疡、靠近幽门处有坏死区
猪流行性腹泻	剖检小肠系膜充血，肠系膜淋巴结水肿，肠绒毛显著萎缩
猪圆环病毒感染	伴有呼吸道症状。剖检脾脏和全身淋巴结异常肿大，肾脏有白斑，肺脏呈橡皮状
猪瘟	体温高，腹泻与便秘交替出现，全身呈败血症变化。慢性病猪回盲口可见纽扣状溃疡
猪伪狂犬病	体温升高，流涎，兴奋，痉挛。剖检鼻、咽、扁桃体炎性水肿
猪副伤寒	多发于 2～4 月龄仔猪，粪便腥臭、混有血液和伪膜，病变部位主要在大肠
仔猪黄痢	7 日龄以上很少发病。剖检十二指肠和空肠的肠壁变薄，胃黏膜有红色出血斑
仔猪白痢	主要发生在 10 日龄至断奶，粪便呈白色糊状，不呕吐。剖检肠壁薄、透明，肠黏膜不见出血
仔猪红痢（梭菌性肠炎）	粪便呈红褐色，不见呕吐。剖检病变主要在空肠，可见出血、暗红色

（续）

病　名	症　状
猪增生性肠炎	粪便呈黑色或血痢。剖检可见小肠病变部位肠壁增厚、肠管变粗
猪胃肠炎	病初呕吐，眼结膜潮红或黄染。胃黏膜肿胀、潮红，附着黏稠、浑浊的黏液。肠内容物混有血液，肠黏膜坏死，表面形成霜样或麸皮状覆盖物，黏膜下水肿
猪药源性伪膜性肠炎	有长期或错误的用药史，猪持续性腹泻或便秘，群发性

【预防措施】　严禁从病源猪场引猪，坚持自繁自养。杜绝应激因素的发生，改善饲养管理和猪场卫生的清洁，消毒净化环境。

【治疗措施】　如发病猪数量多、流行面广时，可进行药物治疗。

1）痢菌净为本病的首选药物。发病猪肌内注射痢菌净，一次量每千克体重 2～5mg，每天注射两次，连用 3～5 天；混饲每 1000kg 饲料 50g，可连续使用，痢菌净的疗效显著，复发率较低。每天每千克体重用硫酸新霉素 0.1g + 三甲氧苄氨嘧啶（TMP）0.02g 添加饲料内饲喂，连用 5 天。

2）庆大霉素按每天每千克体重 2000 单位肌内注射，每天两次，连用 3～5 天。

3）泰妙菌素混饲每 1000kg 饲料 40～100g，连用 3～5 天。或每吨饲料中添加泰乐菌素 200g + 强力霉素 200g，连用 5～7 天，病情重者连用 7～10 天。林可霉素 + 大观霉素混饲每 1000kg 饲料 100g，连用 3 周，预防混饲剂量为 50g。此外，氟苯尼考、替米考星等药物也有一定疗效。

4）辅助治疗以补液为主。口服补液盐 + 谷氨酰胺。

十一、猪球虫病

猪球虫病（coccidiosis）是一种由艾美耳属和等孢属球虫寄生于猪的肠道上皮细胞引起的一种原虫病。临床上主要特征为小肠卡他性炎。多见于仔猪腹泻、消瘦及发育受阻。

【流行病学】　不同年龄的猪均可感染，主要发生于仔猪，成年猪多为带虫者，是本病的传染源，多呈良性经过。等孢球虫对仔猪的伤害最严重。感染猪通过粪便排出的卵囊在外界孢子化后发育为感染性卵囊，经消化道感染猪。此外，在潮湿多雨的季节和多沼泽的牧场或潮湿猪场最易发病。

【临床表现】　感染本病的猪，一般表现食欲不佳、精神沉郁、被毛松乱、身体消瘦、体温略高，下痢与便秘交替发作，主要为乳黄色或灰白色、松软或糊状粪便似豆浆状，病情加重出现液状粪便。球虫引起的仔猪腹泻，排出水样黄色粪便。

【病理剖检变化】　见图1-11-1～图1-11-5。

图1-11-1　被毛粗乱，身体消瘦，贫血死亡

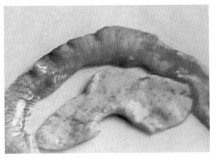

图1-11-2　球虫病10日龄仔猪回肠变厚。图示为不透明浆膜表面和较厚的肠壁。内容物内含坏死物质（宣长和等）

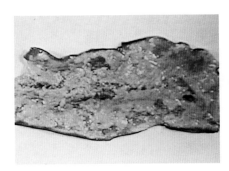

图1-11-3　球虫病8日龄仔猪小肠内的虫体。图示黏膜坏死病变的肠黏膜附有撒糠样的伪膜（宣长和等）

图1-11-4　回肠壁增厚、覆有坏死物质

图 1-11-5　空肠黏膜充血

【鉴别诊断】　见表 1-11。

表 1-11　与猪球虫病的鉴别诊断

病　名	症　状
猪鞭虫病	结膜苍白。剖检可见结肠和盲肠充血、出血、肿胀、有坏死病灶，结肠黏膜呈暗红色
猪结节虫病	剖检可见大肠黏膜上有黄色结节，发生化脓性结节性肠炎
猪胃肠卡他	剖检空肠和回肠不出现纤维素性坏死。粪便检查无球虫虫卵

【预防措施】　保持猪舍和运动场的清洁、干燥、卫生，粪便、垫草要进行发酵处理，产房的所有物品及环境应彻底消毒，消灭有益于球虫卵囊孢子化发育因素。

【治疗措施】　治疗时可用磺胺二甲嘧啶、磺胺间甲氧嘧啶钠、氨丙啉等药物，效果良好。给仔猪口服妥曲珠利每千克体重 20mg，每天一次，连用 3天；必要时可肌内注射磺胺-6-甲氧嘧啶钠注射液，每天一次，连用 3 天。

十二、猪蛔虫病

猪蛔虫病（ascariasis）是由猪蛔虫寄生于猪的小肠内引起的一种常见的线虫病。本病分布广泛，感染普遍，一般表现生长发育不良，增重降低，严重感染会导致发育停滞，乃至造成死亡，仔猪多发。

【流行病学】　猪蛔虫只寄生于猪和野猪，特别是仔猪。猪蛔虫的发育无中间宿主，繁殖力特别强，虫卵随病猪的粪便排出体外，在适宜条件下发育成感染性虫卵，虫卵对外界环境各种因素的抵抗力很强，经消化道传染，3 ~ 4 月龄仔猪最容易大批感染猪蛔虫。本病的流行与饲养管理、环境卫生、营养缺乏和猪的年龄有密切关系。

【临床表现】　仔猪感染后表现被毛粗乱，磨牙、发育不良而消瘦，一周后出现肺炎症状，体温升高、湿咳、呼吸加快、减食、呕吐、流涎，生长缓慢甚至停滞。当蛔虫很多阻塞肠道时，出现腹痛弓背。当钻进胆道时，会出现拉稀、体温升高、废食、剧烈腹痛、四肢乱蹬、滚动不安、可视黏膜黄染等症状（图1-12-1）。

图1-12-1　蛔虫从猪肛门处排出（林太明等）

【病理剖检变化】　见图1-12-2~图1-12-9。

图1-12-2　肠系膜淋巴结肿大、出血

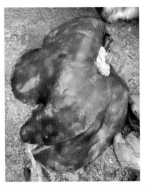

图1-12-3　蛔虫在肝脏表面上的移行斑（乳斑肝）

图1-12-4　病猪呕吐，食道内出现蛔虫

图1-12-5　气管内有蛔虫

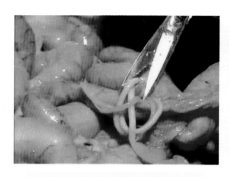

图 1-12-6　小肠内有蛔虫

图 1-12-7　蛔虫造成的腹腔积液

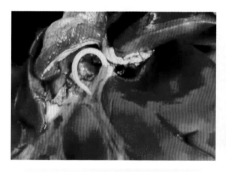

图 1-12-8　钻入胆管内的猪蛔虫

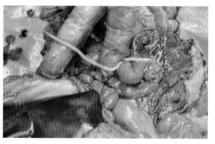

图 1-12-9　肠腔内的蛔虫成虫

【鉴别诊断】　　见表 1-12。

表 1-12　与猪蛔虫病的鉴别诊断

病　名	症　状
猪肺丝虫病	痉挛性咳嗽，不表现异嗜、呕吐、拉稀等症状
猪支气管炎	不表现呕吐症状，眼结膜正常，无拉稀、痉挛性疝痛等症状
猪钙磷缺乏症	骨骼变形，步态强拘，吃食咀嚼无声

【预防措施】

1）搞好猪群及猪舍内外的清洁卫生和消毒工作，粪尿等排泄物进行生物发酵处理。要定期按计划驱虫，规模化猪场首先对全场猪群驱虫，以后公猪、母猪每3~4个月投用伊维菌素和阿苯达唑驱虫一次，仔猪转群并圈时驱虫一次，之后，间隔7~10天进行第二次驱虫。

2）预防时，混饲拌料阿苯达唑伊维菌素预混剂，每1000kg饲料添加500g，连用5天，间隔5天后再连用5天。

【治疗措施】 治疗时，混饲拌料阿苯达唑伊维菌素预混剂，每1000kg饲料添加1000g，种母猪、种公猪每隔3个月驱虫一次，即一年4次；60日龄保育猪驱虫一次。产房母猪，每1000kg饲料添加750g，连用5~7天，间隔5天后再连用5~7天。

1）个体病猪可皮下注射伊维菌素每千克体重0.3mg。为保证初生乳猪不被感染寄生虫，建议初产母猪配种前7~14天注射1次；所有母猪产前10天使用该药物后再移入经消毒清洁的产房内；保育猪（20~60kg）移入育肥舍前驱虫一次。

2）左旋咪唑、阿苯达唑、四咪唑等，都有较好的疗效。投药途径在采食正常情况下以口服为佳，以减少因注射打针造成的应激反应。

十三、猪鞭虫病

猪鞭虫病（T. suis）又称猪毛首线虫病，是由猪毛首线虫寄生于猪的大肠（盲肠）所引起的一种线虫病。本病分布广泛，遍及全国，主要危害幼猪，严重感染可引起死亡。

【流行病学】 本病主要感染幼猪，一年四季均可感染，夏季感染率最高，秋、冬季出现临床症状。虫卵通过被感染猪的粪便，污染饲料和水，经消化道感染健康猪。

【临床表现】 轻度感染出现间歇性腹泻，轻度贫血，可影响猪的生长发育。严重感染表现精神沉郁、食欲减退、被毛粗乱、贫血、结膜苍白、顽固性下痢，粪便中混有红色血丝或呈现棕红色的带血粪便。

【病理剖检变化】 见图1-13-1~图1-13-8。

图 1-13-1　肠系膜淋巴
结肿大、出血

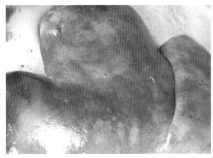

图 1-13-2　肝脏有白雾斑

图 1-13-3　盲肠内寄生大量毛首
线虫，黏液含量明显增
多（林太明等）

图 1-13-4　严重感染时引起的出
血性坏死、水肿、溃疡
（后期）（林太明等）

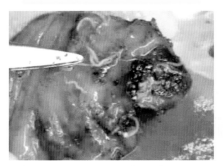

图 1-13-5　结肠内有毛首线
虫致肠坏死

图 1-13-6　盲肠黏膜溃疡，
有大量毛首线虫

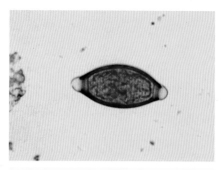

图 1-13-7　猪毛首线虫虫卵

图 1-13-8　猪毛首线虫扫描电镜下照片

【鉴别诊断】　见表 1-13。

表 1-13　与猪鞭虫病的鉴别诊断

病　名	症　状
猪结节虫病	剖检可见幼虫在大肠黏膜下形成结节，结节周围有炎症，肉眼可见结节为浅黄色，破裂时形成溃疡，有时回肠也可见结节
猪阿米巴原虫病	粪有脓血，腥臭，去脓血便镜检可见阿米巴包囊和原虫
猪球虫病	间歇性腹泻，粪稀不带血液，直肠采粪经系列处理后镜检可见含有孢子的卵囊
猪药源性伪膜性肠炎	有长期或错误的用药史，猪持续性腹泻或便秘，群发性

具体防治措施参考"猪蛔虫"的防治措施。

十四、猪结节虫病

猪结节虫病（mycoplasma hyorhinis）又称食道口线虫病，主要是由有齿食道口线虫和长尾食道口线虫寄生于猪的结肠中所引起的。由于某些种类的食道口线虫的幼虫可在寄生部位的肠壁上形成结节，故称为结节虫病。

【流行病学】　感染率的高低受季节的影响，幼虫感染率最高季节为夏季，其次是晚春和秋季，越冬的感染性幼虫到第二年早春冰雪融化后即可感染，圈舍内的感染性幼虫冬天亦能感染。放牧猪在清晨雨后和多雾时易遭感染，潮湿和不勤换垫草的猪舍中，感染率较高。

【临床表现】　只有在严重感染时，大肠才出现大量结节，发生结节性肠炎。粪便中带有脱落的黏膜，腹泻或下痢，高度消瘦（图1-14-1），发育障碍：继发细菌感染时，则发生化脓性结节性大肠炎。严重者可造成死亡。

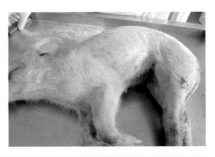

图1-14-1　病猪消瘦，拱背

【病理剖检变化】　幼虫在大肠黏膜下形成结节所造成的危害性最大。初次感染时，很少发生结节，连续感染3~4次后，许多幼虫寄生在大肠壁，结节即大量发生。形成结节的机制是幼虫周围发生局部性炎症，继之由纤维细胞在病变部位形成包囊。大量感染时，大肠壁普遍增厚，并有卡他性炎症。

除大肠外，小肠（特别是回肠）也有结节发生。结节感染细菌时，能继发弥漫性大肠炎，经过1~2周左右，结节向肠腔内破裂，其中幼虫进入肠腔，在结节处留下溃疡。典型剖检变化见图1-14-2~1-14-5。

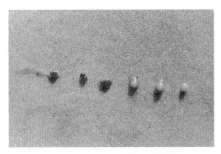

图1-14-2　从猪结肠壁
剥离下的结节虫

图1-14-3　猪结肠壁有结节虫凸起

 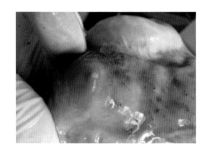

图1-14-4　猪结肠内壁有结节虫凸起　图1-14-5　结肠壁有虫体，肠壁出血

【鉴别诊断】　见表1-14。

表1-14　与猪结节虫病的鉴别诊断

病　名	症　状
猪姜片吸虫病	多以采食水生植物而感染。剖检可见小肠黏膜脱落呈糜烂状，并可发现虫体
猪华支睾吸虫病	多因食入生鱼虾而感染。有轻度黄疸。剖检可见胆囊肿大，胆管变粗，胆管和胆囊内有很多虫体和虫卵
猪大棘头虫病（钩头虫病）	腹痛、有时有血便、虫头穿透肠壁引起体温升高。剖检可见虫体呈乳白色或浅红色，虫体长7～15cm或30～68cm
猪球首线虫病（钩虫病）	有时投用腹泻药即可排出虫体，虫体较小
猪药源性伪膜性肠炎	有长期或错误的用药史，猪持续性腹泻或便秘，群发性

【预防措施】

1）预防性驱虫，每年春、秋季对猪各进行一次预防性驱虫。

2）搞好猪圈舍和运动场清洁卫生，保持干燥，勤换垫草，及时清理粪便堆积发酵，以杀死虫卵和幼虫。

3）保持饲料和饮水的清洁，避免被幼虫污染。

4）改善饲养管理。要给予全价营养，放牧时选择干燥牧场，不在低洼潮湿地上放牧，提倡圈养猪，凡是圈养猪感染机会较少。

【治疗措施】

（1）硫化二苯胺（吩噻嗪） 每千克体重 0.2 ~ 0.3g，混于饲料中喂服，共用 2 次，间隔 2 ~ 3 天。猪对此药较敏感，应用时要特别注意药物剂量安全。

（2）敌百虫 每千克体重 0.1g，做成水剂混于饲料中喂服。

（3）0.5% 福尔马林溶液 将病猪后躯抬高，使头下垂，身体对地面垂直，将配好的福尔马林液 2L，注入直肠，然后把后躯放下，注后病猪很快排便。注入越深，效果越好。

（4）左旋咪唑 每千克体重 10mg，混于饲料一次喂服。

（5）四咪唑 每千克体重 20mg，拌料喂服，或每千克体重 10 ~ 15mg，配成 10% 溶液肌内注射。

（6）丙硫苯咪唑 每千克体重 15 ~ 20mg，拌料喂服。

（7）噻嘧啶（噻吩嘧啶） 每千克体重 30 ~ 40mg，混饲喂服。本药对光线敏感，混入饲料喂服时，尽可能避免日光久晒。

十五、猪小袋纤毛虫病

猪小袋纤毛虫病（pig balantidiasis）是由纤毛虫纲小袋虫科的结肠小袋纤毛虫寄生于猪和人大肠（主要是结肠）所引起的一种寄生虫病。轻度感染时，猪无异常表现，严重感染时有肠炎等症状，甚至可导致死亡。

【流行病学】 主要见于 2 ~ 3 月龄仔猪，断奶仔猪易感，成年猪感染后，一般无临床症状而成为带虫者。溃疡主要发生在结肠，其次是直肠和盲肠。常与肠道微生物协同致病。

【临床表现】 猪结肠小袋纤毛虫病潜伏期 5 ~ 16 天，精神沉郁，食欲减退或废绝，喜卧、颤抖，体温有时升高至 41℃ 左右，粪便先半稀灰白后水泻，附有黏膜碎片和腥臭血液。

（1）隐性型 感染动物无症状，但成为带虫传播者。主要发生在成年猪。

（2）急性型 多发生在幼猪，特别是断奶后的小猪。主要表现为水样腹泻，混有血液。粪便中有滋养体和包囊两种虫体存在。病猪表现为食欲不振，渴欲增加，喜欢饮水，消瘦，粪稀如水、恶臭。被毛粗乱无光，严重者 1 ~ 3 周死亡。

（3）**慢性型**　常由急性病猪转为慢性，表现出消化机能障碍、贫血、消瘦、脱水的症状，发育障碍，陷于恶性病态体质，衰竭死亡。典型临床表现见图1-15-1和图1-15-2。

图1-15-1　病猪腹泻

图1-15-2　病猪排红黄色泥状粪便
（林太明等）

【病理剖检变化】　结肠发炎，结肠、直肠有浅性溃疡，黏膜上的虫体比内容物中的多，在溃疡深部可查找到虫体。肠系膜淋巴结肿胀最为显著，肺门、肝门、颌下、胃等淋巴结肿大2～3倍；肺脏出血，有不同程度水肿；肝脏呈灰红色，常见散在针尖大到米粒大的坏死灶；脾脏肿大，呈棕红色；肾脏呈土黄色，有散在小点状出血或坏死灶。典型剖检变化见图1-15-3～图1-15-6。

图1-15-3　病猪盲肠、结肠、直肠有大量灰白色坏死点（林太明等）

图1-15-4　肠黏膜表面出现坏死
（林太明等）

图 1-15-5　　肠系膜淋巴结肿大
（林太明等）

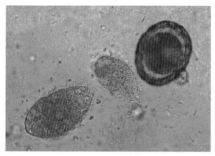

图 1-15-6　　猪小袋纤毛虫虫卵

【鉴别诊断】　见表 1-15。

表 1-15　与猪小袋纤毛虫病的鉴别诊断

病　名	症　状
猪流行性腹泻	有呕吐（多发于吃奶或吃食之后），运动僵硬。剖检可见胃内大量凝乳块，小肠膨满扩张，充满黄色液体，肠壁变薄，小肠系膜充血
猪轮状病毒病	粪色从黄色、白色到黑色（吃奶多为黄色，吃饲料多为白色、黑色）。剖检可见胃内充满乳汁块，肠壁薄、半透明，肠内容物浆液性或水样灰色或灰黑色
猪传染性胃肠炎	病初有短暂呕吐，粪便呈黄色、绿色或白色，常含有未消化凝乳块。剖检可见整个小肠气性膨胀，肠壁变薄、透明，肠内含白色、黄色、绿色稀薄内容物。胃底部充血、潮红，内充满鲜黄色混合大量乳白色的凝乳块
猪阿米巴原虫病	排粪次数增多，时干时稀，色如果酱，带有腥臭脓血
猪药源性伪膜性肠炎	有长期或错误的用药史，猪持续性腹泻或便秘，群发性

【预防措施】　预防主要在于改善饲养管理，管好粪便，保持饲料、饮水的清洁卫生。

【治疗措施】

1）本病的特效药是甲硝唑片，按每吨饲料添加 300～600g，连续饲喂 5～10 天，配合四环素类的抗生素可增强治疗效果。用药治疗时，大多数猪喂药 1 天后即停止腹泻。停药后容易复发，故一定要连喂 5 天以上，做到一劳永逸。停药后，微生态制剂按每吨饲料 1000g 拌料饲喂，连喂 3～5 天。

2）0.1% 福尔马林灌肠可收到暂时的效果，虫体在一两天内消失，但不久再次出现。其他如土霉素、金霉素、黄连素、乙酰胂胺等也可应用。

3）严重腹泻或患病时日过长、已引起脱水的病猪：①应尽早补糖（葡萄糖）、补盐（食盐和氯化钾）、补碱（碳酸氢钠）、补水。可自制口服补液盐（配方：氯化钠 3.5g、氯化钾 1.5g、硫酸氢钠 2.5g、葡萄糖 20g、加水 1000mL，按照 50～130mL 自由饮水，饮食欲不佳时可灌服），②腹腔注射 5% 葡萄糖氯化钠注射液 20～40mL、维生素 C 5mL。根据脱水程度确定用药次数，一般每天 2～4 次，连注 2～3 天。

十六、猪药源性伪膜性肠炎

猪药源性伪膜性肠炎（pig drug-induced pseudo membranous colitis，PMC）是指由药物或药物相互作用所引起的腹泻，其临床特点包括水样便、糊状便、脓血便、血性水样便，或可见伪膜。抗生素可导致结肠炎及腹泻，称之为抗生素相关性结肠炎及抗生素相关性腹泻。

【流行病学】 临床实践证实，伪膜性肠炎几乎全部与使用抗生素有关，其病情危重并伴有结肠甚至空回肠伪膜形成。医学临床观察研究和动物试验表明，伪膜性肠炎是由难辨梭状芽胞杆菌所致。此外，兽药使用不当还会导致猪出现中毒症状。

【临床表现】 病猪消瘦，皮肤苍白、被毛细长、杂乱、体表不洁，生长发育滞后，后躯被粪便污染；两耳向后耸立，弓背，四肢蹄冠部有结痂和结痂脱落瘢痕；眼结膜苍白，鼻镜苍白。猪只流涎、恶心、呕吐，腹痛、跛行等，甚至呼吸麻痹而死亡。典型临床表现见图 1-16-1～图 1-16-3。

图 1-16-1 育肥猪泪斑严重

图 1-16-2　病死猪黄染，脱水

图 1-16-3　育肥猪呕吐，皮肤
潮红（林太明等）

【病理剖检变化】　　明显的剖检变化是胃底、十二指肠、空肠、回肠、盲肠及结肠黏膜被覆一层黄色与黄白相间的伪膜，不易刮去；肠壁无出血及充血；肠系膜淋巴结呈条索状肿大，但无充血、出血。典型剖检变化见图 1-16-4 ~ 图 1-16-19。

图 1-16-4　胃底潮红

图 1-16-5　喉头潮红、充血

图 1-16-6 胃底空虚，有伪膜

图 1-16-7 十二指肠伪膜

图 1-16-8 空肠伪膜 1

图 1-16-9 盲肠伪膜

图 1-16-10 空肠伪膜 2

图 1-16-11 结肠伪膜

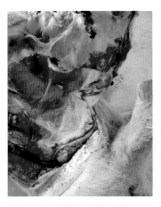

图 1-16-12　耳根后肌内
注射所致脓肿

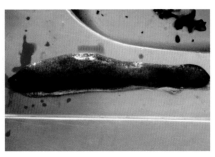

图 1-16-13　脾脏肿大，脾脏表有
隆起，呈蓝紫色

图 1-16-14　肝脏肿大，黄疸

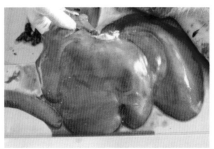

图 1-16-15　猪肝周瘀血、
肿胀，颜色不均

图 1-16-16　肝脏颗粒性变化

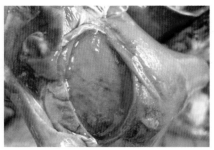

图 1-16-17　猪胆囊壁出血

图 1-16-18 肝脏肿大，切
面边缘钝圆

图 1-16-19 肾脏肿胀、钝圆

【鉴别诊断】 见表 1-16。

表 1-16 与猪药源性伪膜性肠炎的鉴别诊断

病　名	症　状
猪副伤寒	猪副伤寒导致的伪膜局限在盲肠、结肠
猪增生性肠炎	猪增生性肠炎以排黑色或红色粪便为特征，且肠道伪膜局限于大肠
猪痢疾	猪痢疾临床可见黏液性、出血性下痢，剖检见结肠、盲肠出血，肠道内容物呈酱色
慢性猪瘟	慢性猪瘟导致的肠道伪膜主要为盲肠及结肠的纽扣样肿，全身淋巴结呈大理石样变、脾脏边缘出血或皮肤有出血点
猪球虫病	限于哺乳仔猪间歇性腹泻，用药史短暂

【预防措施】 科学用药，合理配伍，对症处方，疗程确切，杜绝滥用抗生素是关键。隔离病猪，彻底冲洗污染圈舍，每天消毒；及时清扫圈舍，限制病猪饲喂量，采取定时、定量的喂料方式，投用药物的剂量或浓度要正确。

【治疗措施】 治疗原则是恢复肠道菌群、修复肠黏膜，保肝护肾。

（1）恢复肠道菌群 停用不合理抗生素，采用针对性杀灭难辨梭状芽胞杆菌。替考拉宁，皮下或肌内注射每千克体重 3～5mg，每天一次，连续 3 天，首次加倍；甲硝唑按每千克体重 60mg 拌料饲喂，连喂 3 天；10% 磷酸泰乐菌素预混剂按每吨饲料 100 g 拌料饲喂，连喂 7 天；25% 大蒜素按每吨饲料 50g 拌料饲喂，连喂 3 天。待上述药物饲喂 3 天后，微生态制剂按每吨饲料 1000g 拌料饲喂，连喂 3~5 天。

（2）保护肠黏膜　自配肠道营养液，每 1000mL 肠道营养液含有谷氨酰胺 10g、复方氨基酸电解多维 10g、葡萄糖 20g、氯化钠 3.5g、氯化钾 1.5g、碳酸氢钠 2.5g，全群无限制饮水；每 1000mL 水添加维生素 C 可溶性粉 30mg，单配单饮。

十七、猪霉菌毒素中毒

　　猪霉菌毒素中毒（piglets mycotoxin poisoning diarrhea）是由于猪采食的谷物和饲料中含有过量的霉菌毒素（图 1-17-1 ~ 图 1-17-3）而表现出腹泻、呼吸困难、皮炎、母猪流产、生长迟缓甚至死亡等临床症状的中毒病。

【流行病学】　猪霉菌毒素中毒病发生具有季节性，无传染性。发病猪应用抗菌药物和紧急免疫均无明显疗效，采取多种防控措施疫病控制不确切。猪场总是处于不稳定状态，时常有小规模疫情暴发，且暴发的疫病种类不同，病症更趋于复杂化。

【临床表现】

（1）急性型　废食，后躯软弱，步履蹒

图 1-17-1　田间玉米发霉

图 1-17-2　仓库玉米发霉

图 1-17-3　饲料结块，发霉

珊，可视黏膜苍白，喘气，有的直肠充血、出血，兴奋或抑制精神状态交替出现，重者两天即可死亡；有的精神沉郁，全身震颤，皮肤有青紫色斑块，食欲减退或消失，烦躁，流涎吐白沫，粪干黑有血，体温偏低，多在几天内死亡，短则突然死亡。

（2）慢性型 食欲减退，精神沉郁，步行强拘，离群、低头、弓背站立，可视黏膜呈黄疸色。有的皮肤发生紫红斑，发痒、干燥、脱毛，有异嗜癖，后期横卧昏睡，出现神经症状，病程可达几个月。

猪霉菌毒素中毒症状多样，症状轻重程度取决于猪体内霉菌毒素积蓄量。哺乳仔猪霉菌毒素中毒症状同哺乳母猪具有关联性，即与哺乳母猪的体况、胎次、采食量、免疫水平、哺乳水平等密切相关。哺乳仔猪轻者表现为初生重轻，弱仔数增加，仔猪出生后站立困难，吃初乳后全窝仔猪零星出现腹泻，呕吐，小母猪阴门水肿呈桃红色，外八字脚。当饲料霉菌毒素含量过高时，母猪繁殖障碍，流产、死胎，出生乳猪吮母乳后整窝腹泻，先排黄色、绿色粪便，后排水样粪便，全身黏腻，脱水体征明显，腹泻 1 ~ 2 天后很快脱水死亡。典型临床表现见图 1-17-4 ~ 图 1-17-10。

图 1-17-4　母猪颈背处有锈色斑纹，腹背鳞屑状脱皮

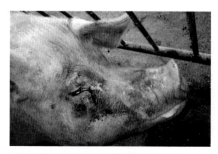

图 1-17-5　母猪泪斑严重，口腔空嚼出泡沫

图 1-17-6　母猪泪斑严重

图1-17-7 母猪脸部不洁，
颈背对称性脱毛

图1-17-8 仔猪腹泻，瘦弱

图1-17-9 仔猪腹泻物为黄色稀便

图1-17-10 小母猪阴门呈桃红色，水肿

【病理剖检变化】 常见病理变化有全身淋巴结出血，心肌出血，胃幽门区黏膜充血，肝脏胆汁积郁，胆囊充盈，十二指肠、空肠空虚或有黄色粪便，肾脏皮质有针尖大小出血点，肾脏肾盂有黄褐色颗粒物沉积。典型剖检变化见图1-17-11 ~ 图1-17-18。

图1-17-11 腹股沟淋巴结充血，出血

图1-17-12 胃幽门腺区充血

图 1-17-13 胃内空虚,胃内容物呈灰白色残渣状

图 1-17-14 胃内容物乳凝块如豆渣样;胃幽门腺区黏膜脱落

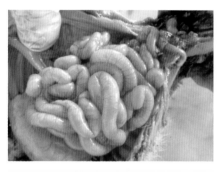

图 1-17-15 猪腹泻,肠管空虚

图 1-17-16 肝脏颜色深,油腻感强

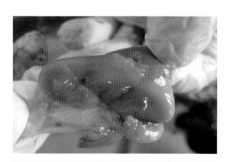

图 1-17-17 肾脏皮质表面有针尖大出血点

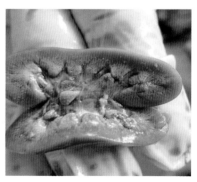

图 1-17-18 肾脏肾乳头有大量沉积物

【鉴别诊断】 见表1-17。

表1-17 与猪霉菌毒素中毒的鉴别诊断

病　　名	症　　状
猪传染性腹泻	常具有特征性临床表现，发病急，死亡率高
猪营养性腹泻	腹泻初期精神状态正常，除粪便稀薄夹带饲料外，无异常不良体征
猪寒凉性腹泻	主要由猪舍温度低引起，常表现为仔猪黄痢、仔猪红痢和仔猪白痢
猪中毒性腹泻	具有全身症状，常伴有腹泻、呕吐或者呼吸困难等多个症候群
猪寄生虫性腹泻	经抗生素治疗无效，腹泻病初症状轻微，后期猪只消瘦、皮肤苍白，死亡率低，镜检粪便可见病原体

【预防措施】 解决霉菌及毒素的困扰是一项系统的工作，包括原料的初选、晾晒、风选、抑制霉菌滋生、脱霉剂的使用、改善饲喂系统，单靠其中的任何一项工作都不能从根本上解决问题。

(1) 饲喂优质饲料 加强猪场管理，做好饲料收购储存工作，对原料尤其玉米进行物理方法去除霉菌毒素（过风过筛），弃用严重污染的饲料原料，定期做好料槽的清洗工作和环境卫生工作，以防霉菌生长。定期对饲料仓库进行检查，对仓库的温度、湿度进行测定，并且定期开展饲料霉菌毒素的检测工作，以评价饲料质量。

(2) 适量添加脱霉剂 目前玉米霉菌毒素污染具有普遍性，对轻度污染的饲料使用高效脱霉剂。

(3) 杜绝母猪饲料的霉菌污染，解除母猪免疫抑制 霉菌毒素具有积蓄性，会持续对哺乳母猪免疫系统产生损害，导致哺乳母猪母源抗体水平低，接种疫苗后免疫应答弱，抗体整齐度差等。增加青绿饲料饲喂，或哺乳母猪饲料内添加紫锥菊、黄芪、甘草等中草药，提高哺乳母猪免疫系统功能。

(4) 提升猪场工作人员的责任感和养猪技能 做到及时发现问题及时报告并解决问题。具有以养为主，预防为辅，防治结合的综合防控意识。

(5) 加强疫苗免疫 建议每年对猪群进行血清学疫病检测2次。针对免疫不确切的疫苗，需要进行补免并分析免疫不确切原因，进行有针对性的疫病防控措施。

【治疗措施】

(1) 哺乳母猪治疗方案

① 更换优质饲料。停止饲喂原有饲料，更换优质饲料，增加青绿饲

料比例。因玉米霉变普遍，建议在饲料内添加高效脱霉剂，将玉米霉变的危害降至最低。

② 导泻。给哺乳母猪投喂人工盐导泻，每头100g，并辅以葡萄糖＋甘草＋氨基酸电解质多维补饮。促进母猪尽快排出胃肠道内霉菌毒素超标的饲料。

③ 保肝护肾。每1000kg饲料添加1000g甘草、5000g茵陈蒿散，连续7天。改善肝肾功能，加快猪只新陈代谢，清除猪只体内残留的霉菌毒素，缓解中毒症状。

④ 补液。早晚饮水内添加维生素C、鱼肝油、氨基酸电解多维。扩充哺乳母猪血容量，补充营养，加强猪自愈能力。

⑤ 控制继发感染。阿莫西林可溶性粉1kg拌料1500kg；恩诺沙星500g拌料1000kg。

（2）哺乳仔猪治疗方案

① 补液。对腹泻的哺乳仔猪进行腹腔注射补液，防止哺乳仔猪脱水。腹腔注射液为37℃的5%葡萄糖溶液和生理盐水各10mL，每两天注射一次，连续2次。

② 寄养与人工哺乳。对腹泻严重的哺乳仔猪进行寄养，选择母性好、仔猪健康、仔猪日龄接近的哺乳母猪寄养，寄养时注意辅助仔猪固定乳头，优先寄养哺乳母猪头侧乳头。

对自行吮乳困难的哺乳仔猪，需要人工哺乳代乳粉，直至哺乳仔猪可以自行吮乳。

③ 控制继发感染。对腹泻哺乳仔猪肌内注射头孢噻呋钠，剂量为每千克体重3~5mg，每天2次，连用3天；肌内注射恩诺沙星注射液，剂量为每千克体重0.05mL，每天2次，连用3天。

十八、猪寒凉性腹泻

冬、春季节早晚温差大或者天气骤变，会导致空气湿度与温度的突然改变，都容易引起猪胃肠神经紊乱，进而出现寒凉性腹泻（piglets cold diarrhea）。哺乳仔猪与刚断奶的保育猪多发。

【流行病学】 每年我国冬季和春季常见。目前大部分猪场的产房与保育舍都采用的是漏缝地板，排污沟与漏缝板连通，冷空气通过排污沟和漏缝板悄悄潜入猪舍，这种贼风很容易引起仔猪受凉（图1-18-1~图1-18-4）。

图 1-18-1　猪排污沟可进入贼风

图 1-18-2　猪舍阴冷潮湿

图 1-18-3　猪舍寒冷

图 1-18-4　仔猪扎堆取暖

【临床表现】　　猪寒凉性腹泻常表现为仔猪黄痢、仔猪红痢和仔猪白痢或胃肠卡他。

【鉴别诊断】　　见表 1-18。

表 1-18　与猪寒凉性腹泻的鉴别诊断

病　　名	症　　状
仔猪红痢	仔猪不吃奶，排出灰黄色或灰绿色稀粪，后变为红色糊状，粪便恶臭，混有坏死组织碎片和大量小气泡，体温升高至 41℃ 以上，多数发病仔猪在很短时间死亡
仔猪黄痢	仔猪发病后，排出黄色或黄白色稀粪，腹泻，吃奶减少或停止，迅速消瘦，眼球下陷，最后昏迷死亡

（续）

病　名	症　状
仔猪白痢	仔猪体温、精神、食欲均接近正常，但拉白便、灰白色的稀粪，而且恶臭，之后腹泻、食欲消失，脱水，眼凹陷，最后虚脱而死亡
猪胃肠炎	体温高（40℃以上），腹部有压痛反应，排粪频繁，甚至失禁，虚弱、瘫卧，易发生自体中毒
猪营养性腹泻	腹泻初期精神状态正常，除粪便稀薄夹带饲料外，无异常不良体征

【预防措施】

1）排查猪舍内是否有贼风：点一根烟在猪舍内部慢慢地走一圈或者放在漏缝板上方，烟飘起后迅速改变方向，或用手背涂水感温凉飕，说明这个位置有贼风。

2）可以采用饲料袋或麻袋封住排污口，防止贼风进入猪舍。

3）圈舍要保持干燥、加强保温防止舍温不均衡、环境清洁卫生。

【治疗措施】

1）仔猪未吃奶前用0.1%高锰酸钾溶液擦洗母猪乳头，以减少感染发病。

2）仔猪发病，早期治疗治愈率较高。发病中后期，对于仔猪黄痢和仔猪白痢或胃肠炎，采用恩诺沙星、庆大霉素、卡那霉素、硫酸粘杆菌素等药物，同时进行补液，并辅以收敛止泻、防止酸中毒等措施，均有治疗作用。

3）用微生态制剂乳前灌服或在补料时添加，加强乳猪的胃肠菌群平衡，改善、增强肠道屏障、防御功能。

十九、猪营养性腹泻

猪营养性腹泻（porcine nutritional diarrhea）是多种不利因素诱导，致使仔猪机体产生生理性紊乱的疾病。外观症状为呕吐、便失禁，粪便呈黄色黏稠糊状或"过料"状，食欲消退、精神萎靡；后期脱水、贫血，被毛粗乱污秽、皮肤松弛、苍白、指压无弹性、共济失调；救治不及时可继发全身症状，器官衰竭、自体中毒并致死。

【流行病学】　导致猪发生营养性腹泻的原因较多。

（1）母猪因素　母猪过肥或临产前饲喂大量蛋白质和脂肪含量过高

的精料，使乳脂或乳蛋白含量过高；初产或老年母猪、患病或亚健康生产母猪由于泌乳不足、乳汁质量低劣，导致仔猪免疫力低下，营养消化不良；母乳成分的突然变化，导致仔猪消化吸收不适应，均会引发腹泻。

（2）仔猪因素 仔猪消化器官发育尚未完善，消化酶、胃酸等分泌不足；肠道微生物区系平衡还没有建立；免疫系统不成熟；皮下脂肪少，被毛稀疏，体温调节能力差。上述生理特点使得仔猪营养性腹泻发病率高。

（3）日粮和饮水因素 转换饲料过急，仔猪过食过饱，日粮中营养物质缺失或搭配不合理也是引起仔猪营养性腹泻的重要原因。

【临床表现】 初期猪抢食饲料，腹部涨满，其他体征良好。猪群中只有少部分猪腹泻，起初饮食正常，腹泻症状在不同猪只不定时发生。发病猪不因为腹泻而消瘦，粪便呈黄色黏稠糊状或"过料"状，猪腹泻症状上午多于下午。多见断奶仔猪，通常减少饲料饲喂后腹泻症状减轻或消失（图1-19-1）。

图1-19-1 病死猪脱水，皮肤苍白

【病理剖检变化】 见图1-19-2～图1-19-8。

图1-19-2 肠壁薄，肠道内容物水样（林太明）

图 1-19-3 胃肠道空虚

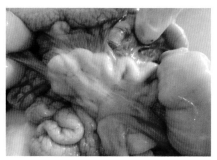

图 1-19-4 胃满实，肠系膜淋巴结
肿胀，乳糜管干瘪

图 1-19-5 肠道空虚，含有部
分水样内容物

图 1-19-6 肠道内容物为未
消化的乳糜

图 1-19-7 胃内空虚

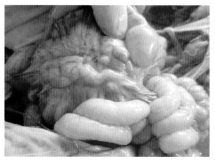

图 1-19-8 肠系膜淋巴结正常，
肠道空虚

【鉴别诊断】　见表1-19。

表1-19　与猪营养性腹泻的鉴别诊断

病　名	症　状
猪寒凉性腹泻	主要由猪舍温度低引起，常表现为仔猪黄痢、仔猪红痢和仔猪白痢
猪中毒性腹泻	具有全身症状，常伴有腹泻、呕吐或者呼吸困难等多个症候群
猪寄生虫性腹泻	经抗生素治疗无效，腹泻病初症状轻微，后期猪只消瘦、皮肤苍白，死亡率低

【预防措施】　仔猪营养性腹泻是多种因素共同作用的结果，应采取综合防治措施，并且"以防为主"，这样才能防患于未然。

（1）加强母猪饲养管理　首先妊娠母猪和哺乳母猪要给予优质稳定的饲料，以保证母乳的质量和产量的稳定。其次保持母猪舍干燥、卫生，切断母仔猪之间的病原传播途径。

（2）仔猪营养调控　针对仔猪消化机能发育不健全这一特点，配制营养全面、营养素比例适当的日粮。对于胃肠和肝胆功能不全的断奶仔猪，饲料中适量添加微生态制剂，调节猪肠道菌群平衡。

（3）加强仔猪饲养管理　保持舍内温暖和一定湿度（50%～60%）、避免温度骤然升降，加强环境卫生消毒工作，保持分娩舍、保育舍清洁、卫生、干燥；逐步断奶（白天将母猪隔离，夜间母仔合并，最后去母留仔），保持断奶前的饲喂次数和方式；逐渐更换饲料。避免各种应激反应。

【治疗措施】

（1）降低仔猪日粮蛋白含量　向仔猪日粮中添加一些麦麸。如果调整配方，可以考虑用麦麸取代一部分玉米。

（2）补液　体液调节是治疗患病猪腹泻的首要措施，饮水中添加氨基酸电解多维和谷氨酰胺等。

（3）调整肠道菌群　在饲料中添加益生菌，快速恢复被打乱的肠道菌群平衡。

（4）调整日粮饲喂方式　由自由采食，改为按顿少添勤喂，并对发病猪群减少饲料饲喂总量。

二十、猪肠便秘

猪肠便秘（intestinal constipatio）是指肠弛缓，肠道内容物停滞、水分含量低，大便干燥、滞留肠道，阻塞肠腔而排出困难的一种疾病。本病一年四季可发，小猪、妊娠或分娩后母猪多发，便秘部位多在结肠。

【流行病学】 长期饲喂不宜消化的粗硬饲料（干燥谷物、粗纤维含量高的饲料缺乏青绿饲料）、日粮中粗纤维含量不足、饲料不洁，混有多量泥沙或其他异物等，饮水不足、缺乏运动，饲养方法不规范，突然变换饲料，气候骤变，致使肠管机能降低，肠内容物干燥、变硬、秘结。妊娠后期或分娩不久伴有肠弛缓的母猪常有发生。某些热性病如感冒、猪瘟、猪丹毒等传染性疾病、寄生虫病都可继发肠便秘。

【临床表现】 病初精神不振，少食喜饮，频频努责，尿少色黄，鼻盘发干，排少量干粪球，被覆黏液或带有血丝。继之食欲停止，呼吸加快，腹部膨胀，有的腹痛呻吟、站立弓背、回头观腹、起卧不安，不排粪。随着病程的延长，眼结膜充血，排尿减少、色黄变稠，直肠黏膜充血、干燥。典型临床表现见图1-20-1和图1-20-2。

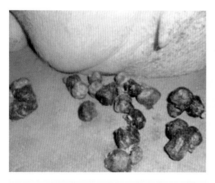

图1-20-1　猪粪便呈硬球状

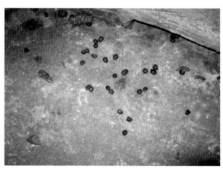

图1-20-2　黑色干硬粪球

【病理剖检变化】 腹部触诊肠中干硬的粪块，多呈串珠状排布；腹部听诊肠蠕动音减弱或无肠蠕动音，伴有肠臌气时可听到金属性肠音。剖检可见腹腔内结肠壁薄、紧裹干硬内容物，结肠袋塌陷或硬结。后期病例，阻塞部肠壁发生缺血、坏死，肠内容物渗入腹腔而继发局限性或弥漫性腹膜炎，全身症状重剧；秘结粪块压迫膀胱颈部的，可出现排尿障碍，甚至尿潴留。

【鉴别诊断】 见表1-20。

表 1-20　与猪肠便秘的鉴别诊断

病　名	症　状
猪肠扭转和缠结	腹痛剧烈，甚至趴卧翻滚，四肢划动，腹部及指检直肠不能触及粪块
猪肠嵌顿	一般都发生在有脐疝、阴囊疝时，疝囊皮肤多因嵌顿而发紫，触及有痛感
猪肠套叠	腹痛较剧烈，常出现前肢跪卧、后肢抬高，有时排少量黏稠粪，腹部触摸到香肠样的肠段
猪胃积食	便秘，多在喂食不吃时才被发现，腹部压痛多出现在肋后腹部（不是后腹部）
猪膀胱麻痹	多发生于母猪产后或公猪尿道结石致膀胱膨满，后腹部按压时不坚硬

【预防措施】　合理搭配饲料，适量增喂食盐，保证饮水和运动，多给青绿多汁饲料。

【治疗措施】　治疗以通肠导滞，镇痛减压，补液强心为原则。病猪限制或停止饲喂干料，多饲喂青绿多汁饲料，给予充足饮水与运动。

（1）通肠导滞　当病猪尚有食欲，腹痛不明显时，宜停食 1 天，硫酸钠（镁）30 ~ 50g 或内服液状石蜡，或植物油 50 ~ 100mL 加入适量的水内服，并反复多次直肠深部灌入微温肥皂水或 2% 碳酸氢钠溶液，而后行腹部按摩，以软化结粪，促进排出。

（2）镇痛减压　对顽固性便秘伴有腹痛，先肌内注射 30% 安乃近注射液 3 ~ 5mL 或 2.5% 盐酸氯丙嗪注射液 2 ~ 4mL 是本病治疗中的关键措施，之后用硫酸镁或硫酸钠 30 ~ 80g、蜂蜜 20 ~ 50g，加适量温水混合内服，并用温肥皂水或 2% 碳酸氢钠（小苏打）溶液反复深部灌肠，配合腹部按摩。体况较好的，在灌服盐类或油类泻剂后 2 ~ 3h 皮下注射甲基硫酸新斯的明 2 ~ 5mg，或硝酸毛果芸香碱 10 ~ 20mg，可提高疗效。

（3）补液强心　针对妊娠母猪便秘时的厌食症应补液强心，及时调整酸碱平衡，缓解自体中毒，维护心脏功能。心力衰竭者，皮下或肌内注射 10% 安钠咖 2 ~ 10mL。体况不良、机体衰弱的，应及时补糖输液。如眼结膜潮红、尿少而黄，采用糖盐水 1000 ~ 1500mL、10% 安纳咖 5 ~ 10mL、25% 维生素 C 2 ~ 4mL、50% 葡萄糖 100 ~ 200mL 静脉注射。

在肠道疏通后，为促进病猪痊愈，用葡萄糖、氨基酸多维电解质和微生态制剂配制营养液全天饮用，饲料少添勤喂或饲喂青绿多汁饲料。

第二章

咳喘类疾病

一、猪繁殖与呼吸障碍综合征

　　猪繁殖与呼吸障碍综合征（porcine reproductiveand respiratory syndrome，PRRS）也称为"蓝耳病"，是由猪繁殖与呼吸障碍综合征病毒（PRRSV）引起的猪繁殖与呼吸障碍的一种高度接触性传染病。临床特征主要是繁殖母猪抵抗力和免疫力下降，母猪群散发性流产，以及早产及产死胎、木乃伊胎或弱仔，发情延迟等严重繁殖障碍，被感染的仔猪或育肥猪发生呼吸道炎症，经常继发或并发病毒、细菌、寄生虫病，形成所谓"混合感染综合征"，使疾病的诊断和防控更为复杂。

　　【流行病学】　　本病主要侵害繁殖母猪和仔猪，而育肥猪发病温和。病猪和带毒猪是主要传染源，感染母猪的鼻分泌物、粪便、尿均含有病毒。耐过猪可长期带毒和不断向体外排毒。本病传播迅速，主要通过空气传播，经呼吸道感染，也可垂直传播。饲养管理水平低下和环境卫生条件差、季节性更替、运输转群、饲养密度过大、寒热潮湿、空气污秽等都是致病诱因。

　　【临床表现】　　本病的潜伏期差异较大，最短为 3 天，最长可达 40 天。临床症状变化很大，且受毒株、免疫状态、饲养管理因素和环境条件及生物安全措施的影响。低毒株可引起猪群无临床症状的流行，而强毒株能够引起严重的临床疾病。典型临床表现见图 2-1-1 ~ 图 2-1-18。

图 2-1-1　臀部、后肢及尾根皮肤发红

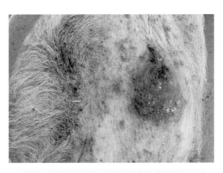

图 2-1-2　脐部皮肤发绀

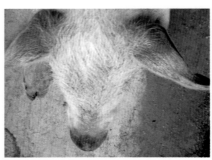

图 2-1-3　吻突及耳部皮肤发绀

图 2-1-4　耳部皮肤发绀

图 2-1-5　大群个别仔猪耳部
皮肤发红

图 2-1-6　流产的胎儿

图 2-1-7　产下的死胎（白挨泉等）

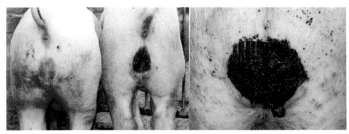

初期　　　　　　中期　　　　　　后期

图2-1-8　阴囊出血不同时期的变化：
初期阴囊皮肤刚开始出血，呈浅红色；
中期阴囊皮肤出血变得越来越严重，呈蓝紫色；
后期阴囊皮肤出血灶坏死、干固、硬结，类似黑色结痂（徐有生）

图2-1-9　全身皮肤密布针尖状出血点（又称全身毛孔出血），
此种出血点不会扩大，若病情好转，出血点会逐渐消失（徐有生）

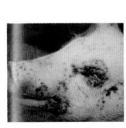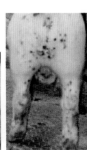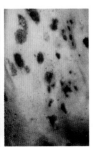

图2-1-10　全身皮肤油菜籽粒状出血及其发展变化（徐有生）

图 2-1-11　肛门处皮肤出血

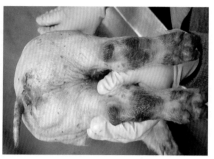

图 2-1-12　四肢皮肤出血

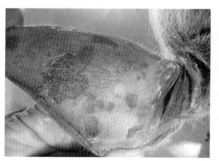

图 2-1-13　耳部皮肤大面积溃烂

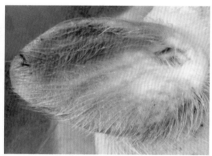

图 2-1-14　耳朵呈蓝紫色

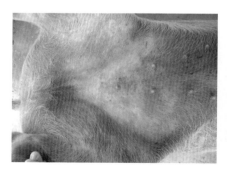

图 2-1-15　腹部皮肤蓝紫发绀

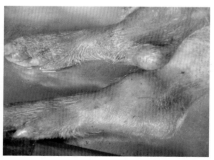

图 2-1-16　关节下部均发红

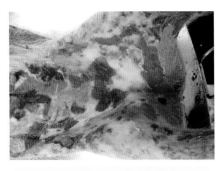

图 2-1-17　皮肤大面积溃烂

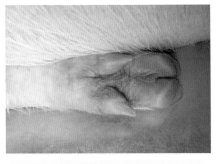

图 2-1-18　蹄部发红

（**1**）**急性型**　发病母猪精神沉郁、发热、食欲减退或废绝，不同程度呼吸困难，妊娠后期发生流产、早产，产死胎、木乃伊胎、弱仔。新生仔猪呼吸困难、运动失调，产后一周内死亡率明显增高。1 月龄仔猪出现典型呼吸症状，断奶前死亡率高达 80% ~ 100%，断奶后仔猪增重缓慢。耐过猪生长缓慢，易继发其他疾病。

（**2**）**慢性型**　生产性能下降，母猪群的繁殖性能下降，易继发感染其他细菌性和病毒性疾病。猪群的呼吸道疾病发病率上升。

（**3**）**亚临床型**　感染猪不发病，表现为 PRRSV 的持续性感染，猪群的血清学抗体阳性率可在 10% ~90% 之间。

【**病理剖检变化**】　无继发感染的病例除有淋巴结轻度或中度水肿外，肉眼变化不明显，呼吸道的病理变化为温和到严重的间质型肺炎，有时有卡他性肺炎，若有继发感染，则可出现复杂的相应的病理变化，如心包炎、胸膜炎或胸膜肺炎、腹膜炎及脑膜炎等。典型剖检变化见图 2-1-19 ~ 图 2-1-41。

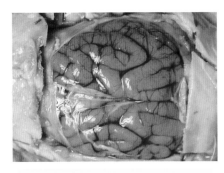

图 2-1-19　大脑充血、出血

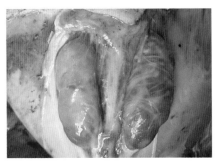

图 2-1-20　两侧腹股沟淋巴结肿大

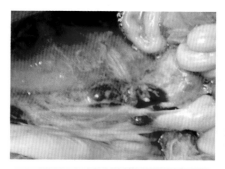

图 2-1-21　髂内淋巴结出血

图 2-1-22　肺门淋巴结肿大、出血

图 2-1-23　肺脏呈暗紫色、肿大、出血，弥散性肺炎

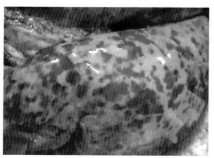

图 2-1-24　肺脏呈花斑状出血性肺炎

图 2-1-25　肺脏弥漫性出血性纤维素性肺炎

图 2-1-26　肺脏呈灰白色，有肉变

图 2-1-27 肺脏尖叶、心叶有肉变

图 2-1-28 小叶肉变

图 2-1-29 心耳、冠状脂肪出血

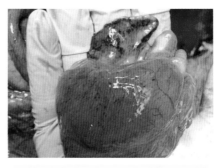

图 2-1-30 心耳、心肌外膜有出血点

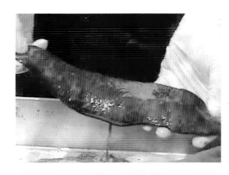

图 2-1-31 脾脏肿大

图 2-1-32 脾脏切面出血性坏死

图 2-1-33　肝脏变性发硬、有白斑

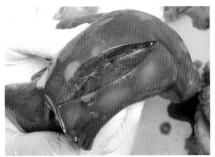

图 2-1-34　肝脏切面有灰白色
　　　　　　坏死灶

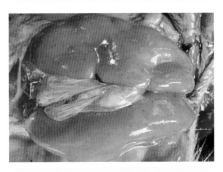

图 2-1-35　肾脏表面有沟回、
　　　　　　大量的出血点

图 2-1-36　肾脏呈花斑状，
　　　　　　有出血点

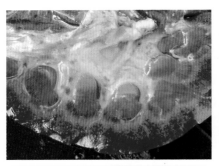

图 2-1-37　肾皮质部有出血斑点

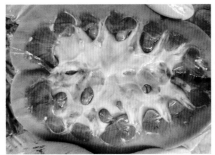

图 2-1-38　皮质发黄，乳头与
　　　　　　髓质出血

图 2-1-39　胃出血严重

图 2-1-40　胃底出血严重

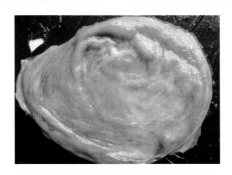

图 2-1-41　膀胱黏膜弥漫性出血

【鉴别诊断】　见表 2-1。

表 2-1　猪繁殖与呼吸障碍综合征的鉴别诊断

病　名	症　状
猪瘟	呼吸较为正常。剖检可见大肠纽扣状溃疡，脾脏出血性梗死，肾脏和膀胱点状出血，扁桃体常见出血和坏死，全身淋巴结呈深红色甚至紫红色
猪细小病毒病	初产母猪多发，并且发病母猪本身无明显症状，流产主要发生在 70 天以内，70 天以后感染多能正常生产
猪伪狂犬病	仔猪呈现体温升高、呼吸困难、下痢及特征性神经症状。剖检胎盘和胎儿脏器有凝固性坏死
猪衣原体病	仔猪发生慢性肺炎，角膜结膜炎及多发性关节炎。公猪出现睾丸炎、附睾炎、尿道炎、包皮炎。母猪流产前无症状

（续）

病　名	症　状
猪日本乙型脑炎	仅发生于蚊虫活动季节。仔猪呈现体温升高、精神沉郁、四肢腿脚轻度麻痹等神经症状。公猪多发生一侧性睾丸肿胀。孕猪多超过预产期才分娩。剖检可见脑室内黄红色积液，脑回肿胀，出血
猪布氏杆菌病	母猪流产前乳房肿胀、阴户流有黏液，产后流红色黏液。公猪发生睾丸炎。剖检子宫黏膜有黄色结节，胎盘大量出血点
猪钩端螺旋体病	主要发生在 3~6 月或季节性发病，病猪表现黄疸、红尿
猪弓形虫病	耳部、鼻端出现瘀血斑甚至结痂。剖检体表淋巴结出血、坏死，肺膈叶和心叶出现间质水肿，实质有白色坏死灶或出血点。磺胺类药物治疗效果明显

依据以下三项指标可以疑似母猪急性繁殖与呼吸障碍综合征，做出初步临床诊断。

1）流产和早产超过 8%。

2）死胎率超过 20%。

3）仔猪出生后第一周死亡率超过 25%。

【预防措施】

1）综合防控：一是猪种源控制。应尽量自繁自养，严禁从疫区或发生本病的猪场引进种猪，种猪和精液在引进前必须进行疫病的检测。引进种猪和补栏猪进行隔离观察，在隔离观察期可用灭活疫苗进行基础免疫。二是搞好环境消毒卫生，加强饲养管理。每周至少带猪消毒 1~2 次。当周边有疫病发生时，带猪消毒每周应增加到 4~6 次。禁止饲喂发霉变质的饲料，饮水洁净卫生。猪粪、尿及时清除并进行无害化处理。三是加强生物安全措施。猪场进行封闭式管理，做好出入猪场或猪舍的环境、人员及车辆等外源物品的消毒。四是搞好其他疫病的免疫，防止猪圆环病毒 2型、猪瘟、猪伪狂犬病、猪细小病毒病等病毒性疾病以及猪支原体肺炎、猪链球菌病等细菌性疾病与猪繁殖与呼吸障碍综合征的混合感染。定期对保育猪和育肥猪进行血清学检测，检测病毒抗体。每季度检测一次，对各个阶段的猪群采样进行抗体检测，如果 4 次检测抗体阳性率没有显著变化，则表明本病在猪场是稳定的，相反，如果在某一个季度抗体阳性率有所升高，说明猪场在管理与卫生消毒等生物安全体系中存在问题应加以关注与改正。

2）进行疫苗免疫接种和采取综合防治措施是预防和控制本病最主要的手段。对于非疫区、受威胁地区猪场用灭活疫苗进行免疫预防是关键。由于猪繁殖与呼吸障碍综合征毒株的多样性使该病的临床表现复杂，田间的野毒株分为高致病性毒株和低致病性毒株两大类，低致病性毒株包括了一些弱毒活疫苗，导致防控难度加大。因此，无该病疫情的猪场，生物安全措施要完善，活疫苗接种预防应慎重选择和使用，对感染猪场可以考虑给母猪接种灭活疫苗或进行实验室检测选择疫苗接种。对同一猪群接种时，尽量使用同一厂家、同一批号的疫苗。

目前国内外已有商品化的猪繁殖与呼吸障碍综合征灭活疫苗、经典弱毒株猪繁殖与呼吸障碍综合征活疫苗和高致病性猪繁殖与呼吸障碍综合征活疫苗三种疫苗。依据对该病疫情监测结果，做好疫苗接种工作是预防本病最有效的方法。在疫区或本病流行时，合理安排疫苗接种的时间次序，一年内免疫接种 3～4 次。

经典弱毒株猪繁殖与呼吸障碍综合征活疫苗推荐免疫程序：后备母猪在配种前免疫两次，间隔 30 天，每头每次 2 头份；经产母猪进行基础普免，间隔 3～4 周加强免疫一次，每头每次 2 头份，常规免疫为每年进行 3～4 次普免；仔猪在 2 周龄免疫一次，每头每次 1 头份（根据情况间隔 3～4 周加强免疫一次）。

高致病性猪繁殖与呼吸障碍综合征活疫苗推荐免疫程序：后备母猪在配种前免疫，每头每次 1 头份；经产母猪在配种前免疫，每头每次 1 头份；仔猪在 2～4 周龄免疫一次，每头每次 1 头份，高致病性猪繁殖与呼吸障碍综合征流行区域可在首免后 1 个月，加强免疫一次。

猪繁殖与呼吸障碍综合征灭活疫苗推荐免疫：仔猪在断奶后首次免疫，每头 2mL 颈部肌内注射，21 天后再注射一次；母猪则在配种前 10 天和配种后 21 天各注射一次，每头每次 4mL；种公猪在 70 日龄前接种同仔猪，以后每隔 6 个月加强免疫一次，每头每次 4mL。

【治疗措施】 发病猪场可采集病料检测实施处置，遵循实验室监测针对性制定紧急免疫接种措施。

本病目前尚无特效药物疗法。猪场发生该病后遵循隔离消毒、加强群体护理、提升抵抗力和免疫力、药物预防控制继发感染、急者治标、缓者治本、标本兼治的原则处置。注重猪场生物安全，减少或停止引种。

1）对已发生该病的病猪个体护理、对症治疗缓解病情，防止继发感染，注射高免血清、特异性免疫球蛋白或病愈猪血清、基因干扰素有一定疗效。磺胺嘧啶、林可霉素、卡那霉素、泰妙菌素、替米考星、酒石酸泰万菌素等药物能减少继发感染，可作为预防性药物稳定群体。

2）科学合理配伍防治药物使用是避免长期投用药物导致药物慢性中毒的前提。饮用营养液提升患病猪机体代谢功能是恢复健康的重要辅助治疗手段，如口服补液盐、氨基酸平衡液、维生素等。

3）重视动物福利性工作。优化猪的生活环境，如猪舍的卫生清洁、温度和湿度适宜，保持通风干燥促进患病猪的康复。

4）针对无治疗意义的病猪、病弱仔猪，及早淘汰，进行无公害化处理，减少病原的传播。

二、猪流行性感冒

猪流行性感冒（swine influenza，SI）是由猪流行性感冒病毒引起的急性、高度接触性、呼吸器官的传染病，是以猪群疾患突发、高热、咳嗽、呼吸困难、衰竭、康复迅速或死亡为特征的暴发性疾病。

【流行病学】 猪流行性感冒可感染各个年龄、性别和品种的猪，主要发生在天气多变的秋末、早春和寒冷的冬季。本病接触性传染性极强，主要通过呼吸道传播，2～3天内群体发病，常呈地方性流行或大流行，寒冷而潮湿的天气可能是该病暴发的诱因。病猪和带毒猪是该病的主要传染源。规模化猪场中猪流感可演变为地方性疾病，不时造成母猪繁殖障碍的发生。

【临床表现】 感染初期体温突然升高至40～42℃，厌食或食欲废绝，极度虚弱乃至虚脱。精神极度委顿，常卧地。皮肤潮红，呼吸急促，腹式呼吸、阵发性咳嗽。病猪挤卧在一起，难以移动，肌肉僵硬、疼痛。死亡病例在疾病的末期常见痉挛性惊厥。典型临床表现见图2-2-1和图2-2-2。

图2-2-1　鼻液增多，流脓涕

图2-2-2　猪群体发病，聚堆

【病理剖检变化】 病理变化主要在呼吸器官。鼻、咽、喉、气管的黏膜充血、肿胀，表面覆有黏液，胸腔蓄积大量混有纤维素的浆液。脾脏肿大。胃肠黏膜发生卡他性炎，胃黏膜充血严重，大肠出现斑块状充血。典型剖检变化见图2-2-3～图2-2-9。

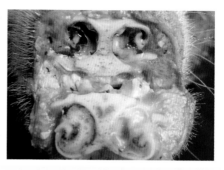

图2-2-3 鼻腔有脓性鼻液，鼻黏膜充血

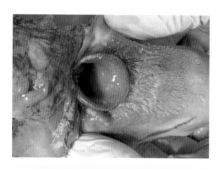

图2-2-4 喉头充血、出血

图2-2-5 气管环出血、内有大量泡沫

图2-2-6 肺脏呈鲜牛肉样

图2-2-7 肺脏出血、间质增宽

图 2-2-8　肺门淋巴结肿大，切面炎性充血

图 2-2-9　脾脏肿胀、呈蓝紫色

【鉴别诊断】　见表 2-2。

表 2-2　与猪流行性感冒的鉴别诊断

病　名	症　状
猪传染性胸膜肺炎	轻度腹泻和呕吐，末端皮肤呈蓝紫色。剖检纤维素性胸膜炎，气管有血色黏液，胸肋膜有纤维性粘连
猪肺疫	咽喉部肿胀。剖检皮下有胶冻样浅黄色或灰青色纤维素性浆液，肺脏切面呈大理石样，胸膜和肺脏粘连
猪喘气病	反复干咳，无疼痛反应。剖检肺心叶、尖叶、中间叶、膈叶出现对称性"肉变"或"虾肉样变"

【预防措施】　目前，虽然有猪流感病毒 H1N1 亚型灭活疫苗上市，但因 A 型流感病毒亚型很多，相互之间无交叉免疫力，故应慎重选择疫苗接种。加强生物安全措施，良好的圈舍和保护猪不受恶劣天气的侵袭，尽可能减少应激反应的发生，有助于预防严重流行性感冒的暴发。

【治疗措施】　本病尚无特效疗法，主要依靠综合预防措施。一旦暴发要及时隔离，对猪舍内的空气进行消毒，当务之急是提升空气卫生质量，对栏圈、饲具尽快消毒，剩料、剩水要深埋或无公害化处理。发病猪群或个体病猪大量补饮氨基酸多维电解质营养液，并在饮水中加入止咳化痰、清热解毒的药物，肌内注射解热镇痛药物，如 30% 安乃近或安痛定 4～10mL，辅以抗菌药物（如补食或补饮氨苄西林钠＋恩诺沙星溶液）可有效防止继发感染。

1）每1000kg饲料中添加20%泰妙菌素1000g＋强力霉素200g或混饲每1000kg饲料中添加替米考星200~400g（以替米考星计）＋70%氟苯尼考50g，连续使用5~7天。

2）重病症状猪只，肌内注射双黄连＋头孢菌素＋地塞米松磷酸钠防止败血症的发生，并辅以静脉注射10%葡萄糖500~1000mL、5%碳酸氢钠100~150mL。

三、猪传染性胸膜肺炎

猪传染性胸膜肺炎（porcine contagious pleuropneumonia）是由胸膜肺炎放线杆菌（actinobacillus pleuropneumoniae，APP）引起的一种接触性呼吸道传染病。本病特征为急性出血性纤维素性胸膜肺炎和慢性纤维素性坏死性胸膜肺炎。急性型病死率高，慢性病常可耐过。

【流行病学】 本病可感染不同品种、年龄的猪，以2~5月龄的猪较为多发，有明显的季节性，4~5月和9~11月多发。病猪和带菌猪是主要传染源，通过空气飞沫传播，病菌在感染猪的鼻液、扁桃体、支气管和肺脏等部位存在，通过鼻腔排出，经呼吸道传染健康猪。饲养环境的改变、猪群的转移或混群、拥挤或长途运输、通风不良、猪舍湿度过高、气候突变等应激因素可诱发或促进本病的发生。

【临床表现】

（1）最急性型 病猪体温升高至41.5℃以上，精神沉郁、不食、轻度腹泻和呕吐。典型临床表现见图2-3-1。

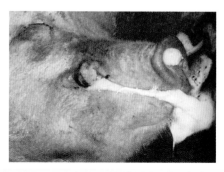

图2-3-1 鼻流出大量泡沫和黏液（徐有生）

(2) 急性型 病猪表现体温升高、拒食、咳嗽等症状。典型临床表现见图2-3-2和图2-3-3。

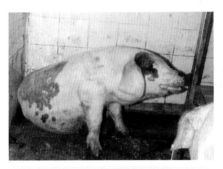

图2-3-2 病猪呈犬坐式呼吸
（孙锡斌等）

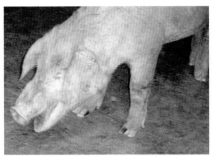

图2-3-3 病猪呼吸极度困难
（林太明等）

(3) 慢性型 症状较轻，出现间歇性咳嗽。

【病理剖检变化】

(1) 最急性型 病猪流血色鼻液，肺炎病变多发于肺脏的前下部，双侧性的，常见病变在膈叶上，为局灶性的病变，往往涉及心叶和间叶，病变部与健康部界限清晰。肺炎坏死区色泽较暗，硬固。肺脏充血、出血和血管内有纤维素性血栓。典型剖检变化见图2-3-4和图2-3-5。

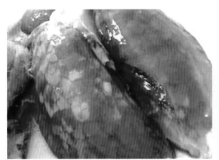

图2-3-4 肺脏出血、呈花斑状

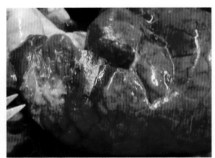

图2-3-5 肺脏表面覆盖一层乳白色膜样物

(2) 急性型 肺炎多为两侧性，常发生于尖叶、心叶和膈叶的一部分，病灶区有出血性坏死灶，呈紫红色，切面坚实，轮廓清晰，纤维素性胸膜炎明显。胸腔积有血色液体。典型剖检变化见图2-3-6～图2-3-10。

（3）**慢性型** 常见到膈叶上有大小不等的结节，周围有较厚的结缔组织环绕，肺胸膜粘连。典型剖检变化见图 2-3-11 ~ 图 2-3-13。

图 2-3-6 气管环充血并有泡沫

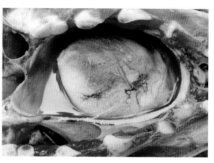

图 2-3-7 心包炎引起心包积液

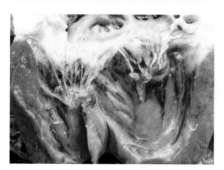

图 2-3-8 心脏内膜出血

图 2-3-9 肺脏、心脏、肝脏表面附有灰白色纤维素性渗出物

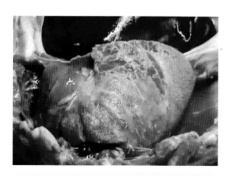

图 2-3-10 肺小叶上有纤维素覆着

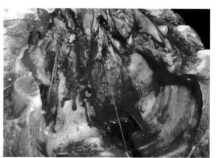

图 2-3-11 肺脏与胸膜广泛性粘连

图 2-3-12　胃出血、溃疡

图 2-3-13　胸廓附有一层灰白色
纤维素性渗出物

【鉴别诊断】　见表 2-3。

表 2-3　与猪传染性胸膜肺炎的鉴别诊断

病　名	症　状
猪瘟	剖检见回盲瓣有纽扣状溃疡，脾脏边缘有粟粒至黄豆大的梗死
猪繁殖与呼吸障碍综合征	发病初期有类似流感症状，母猪出现流产、早产和死产。剖检可见褐色、斑驳状间质性肺炎，淋巴结肿大、呈褐色
猪流行性感冒	剖检肺脏有下陷的深紫色区。抗生素治疗无效
猪链球菌病	眼结膜潮红，流泪，跛行。运动失调，转圈，磨牙，四肢做游泳动作等神经症状
猪喘气病	反复干咳，无疼痛反应。剖检肺心叶、尖叶、中间叶、膈叶出现对称性"肉变"或"虾肉样变"
副猪嗜血杆菌病	病程长，常继发于其他呼吸道疾病后。被毛粗乱，关节肿大，喘。心包炎、胸膜炎，腹膜炎，全身浆膜炎
猪肺疫	咽喉型颈下红肿、发热、坚硬，剖检可见颈部皮下炎性水肿；胸膜肺炎型有痉挛性咳嗽，剖检可见肺脏肿大、坚实，表面呈暗红色或灰黄红色，切面有大理石花纹，病灶周围一般均表现瘀血、水肿和气肿

【预防措施】　加强饲养管理，严格落实卫生消毒措施，减少各种应激因素的影响，提升猪的福利性工作，保持猪群机体营养均衡。加强猪场的生物安全措施，做好引进猪的隔离检疫，杜绝带菌猪进入；采用全进全出的饲养模式。

预防本病可选用对应血清型的猪传染性胸膜肺炎灭活苗免疫接种。可按照疫苗生产商提供的猪传染性胸膜肺炎三价灭活疫苗使用说明书进行免疫接种，推荐免疫：仔猪 35～40 日龄进行第一次免疫接种，首免后 4 周加强免疫 1 次；母猪产前 6 周和 2 周各注射 1 次，以后每 6 个月免疫接种一次，每头每次 2mL。

【治疗措施】　发生本病应隔离病猪，及时治疗，恩诺沙星、氨苄西林、泰妙菌素、氟苯尼考、林可霉素等均有一定疗效。

1）发病初期、饮欲和食欲尚有的患病猪群，可混饲或饮水给药。每 1000kg 饲料中添加氟苯尼考 100g，连用 7 天；或每 1000kg 饲料中辅添 20% 替米考星 1000g，连用 10～15 天。每 1000kg 饲料中添加恩诺沙星 120g + 三甲氧苄氨嘧啶（TMP）50g，连用 5 天，之后剂量减半，再连用 7 天。

2）患病猪的个体治疗，肌内注射氟苯尼考，每千克体重 0.3mg；或肌内注射头孢噻呋，每千克体重 5mg，每天 1 次；或肌内注射 5% 恩诺沙星，每千克体重 0.1～0.2mL，每天 1 次，连用 5～7 天。盐酸多西环素注射液，每千克体重 2.5mg，肌内注射，每天 1 次，连用 5 天。

四、猪传染性萎缩性鼻炎

猪传染性萎缩性鼻炎（swine infectious atrophic rhinitis，AR）是一种由支气管败血波氏杆菌和产毒素多杀巴氏杆菌引起的猪呼吸道慢性传染病。其中产毒素多杀巴氏杆菌为主要病原。主要特征为猪鼻甲骨萎缩，鼻部变形及生长迟滞。

【流行病学】　本病可感染不同年龄的猪，幼猪的病变最为明显，多发于春、秋两季，呈地方流行或散发。病猪和带菌猪是主要传染源，通过飞沫经呼吸道传染给健康猪。

【临床表现】　病猪出现打喷嚏、流鼻涕等症状，产生浆液性或黏液性鼻分泌物。鼻腔阻塞，呼吸困难、急促。典型临床表现见图 2-4-1～图 2-4-5。

图 2-4-1　鼻向右歪，鼻部皮肤形成皱折（徐有生）

图 2-4-2　病猪单侧鼻出血
（孙锡斌等）

图 2-4-3　眼角"泪斑"、
短颌和鼻端偏于一侧

图 2-4-4　眼角有"泪斑"，
鼻部肿胀

图 2-4-5　鼻腔阻塞，呼吸
困难、急促

【病理剖检变化】　病变仅限于鼻腔的临近组织，最特征的变化是鼻腔的软骨和骨组织的软化和萎缩。鼻黏膜常有黏脓性或干酪样分泌物。典型剖检变化见图 2-4-6 和图 2-4-7。

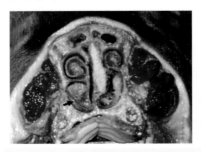

图 2-4-6　鼻中隔变形，鼻甲骨萎
缩，鼻窦有脓性分泌物（孙锡斌等）

图 2-4-7　鼻甲骨卷曲、萎缩
（孙锡斌等）

【鉴别诊断】 见表2-4。

表2-4 与猪传染性萎缩性鼻炎的鉴别诊断

病 名	症 状
猪巨细胞病毒感染症	主要发生在新生仔猪，只有轻微的喷嚏，鼻炎症状不突出
鼻炎	无传染性，不出现鼻盘上翘。剖检未有鼻甲骨萎缩变形变化

【预防措施】 加强饲养管理，全进全出，猪舍空栏全面、彻底消毒是防控该病发生的有效措施；降低饲养密度、防止拥挤，减少猪舍内污秽的空气，防止各种应激因素的发生，杜绝带菌猪进入猪场，引进猪隔离观察2～3个月，确认无该病后混群饲养。由于感染该病的病程较长，污染猪场应投用药物群体防控。受到本病威胁时，可免疫接种本病的油佐剂二联灭活苗。按照疫苗生产商提供的说明书使用。

1）初产母猪和青年公猪进入猪场时进行首免，4～6周后再加强免疫一次。其后纳入猪场中的免疫程序进行预防接种。

2）后备母猪、经产母猪和所有种公猪接种疫苗一头份，间隔4～6周进行二免。

3）妊娠母猪在产前30～40天再接种1次；每隔6个月对种公猪接种一次；仔猪在4周龄左右颈部肌内注射2mL。

【治疗措施】 药物治疗时可使用卡那霉素、强力霉素、磺胺类药物、泰乐菌素等，都有一定的疗效。

1）每1000kg饲料中添加20%泰妙菌素1000g＋强力霉素200g或每1000kg饲料中添加替米考星200～400g（以替米考星计）＋70%氟苯尼考50g，连用7～10天；每1000kg饲料中添加泰乐菌素200g＋磺胺二甲基嘧啶150，连用7～14天；每1000kg饲料中添加磺胺二甲嘧啶600g＋三甲氧苄氨嘧啶（TMP）100g，连用3天，之后剂量减半，再用14～21天。

2）患病猪，肌内注射长效土霉素、鼻腔内喷雾硫酸卡那霉素注射液＋盐酸肾上腺素注射液，口服或混饲磺胺氯哒嗪钠＋三甲氧苄氨嘧啶（TMP），每千克体重首次量为50～100mg、维持量为25～50mg，每天1～2次，连用5～10天。

五、猪支原体肺炎

猪支原体肺炎（mycoplasmal pneumonia of swine，MPS）（又称猪气喘

病、猪地方流行性肺炎、猪霉形体肺炎），是由猪肺炎霉形体引起的一种慢性呼吸道接触性传染病。症状为咳嗽和气喘，病变特征是融合性支气管肺炎，于尖叶、中间叶和膈叶前缘呈"肉样"或"虾肉样"实质性病变。

【流行病学】　本病可感染不同年龄、品种的猪，乳猪和仔猪易感性高，其次为妊娠后期和哺乳期的母猪。病猪和隐性带菌猪在咳嗽、打喷嚏时，排出大量病原，经呼吸道传染给健康猪。本病一旦传入，要采取严密的措施，否则很难彻底扑灭。一年四季均可发生，该病虽为常见病，但近年来由于经常和 PRRS、PCV-2、PR 等其他病原混合感染，是引起猪呼吸道疾病的重要病原，也是导致养猪效益下降的直接和间接因素。

【临床表现】

（1）**急性型**　表现呼吸急促、干咳。

（2）**慢性型**　表现呼吸困难，张口喘气，精神沉郁，食欲减退，躯体消瘦，结膜发绀，怕冷，行走无力。典型临床表现见图 2-5-1 和图 2-5-2。

图 2-5-1　被毛粗乱，消瘦，精神萎靡

图 2-5-2　咳嗽、口鼻流沫、呼吸困难、呈犬坐姿势（孙锡斌等）

【病理剖检变化】

（1）**急性型**　表现肺泡性肺气肿，两侧肺体积高度膨大，被膜紧张，呈灰白、灰红、橘红色，切面湿润，常伴有间质水肿、气肿。典型剖检变化见图 2-5-3 ~ 图 2-5-5。

图 2-5-3　肺小叶肉变

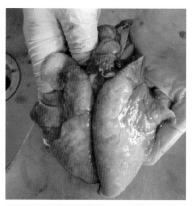

图 2-5-4 肺脏的尖叶、心叶、膈叶   图 2-5-5 肺脏间质性炎症，呈
呈现肉变   胰腺样外观

（2）慢性型　病猪肺脏的病变呈对称性，与健康组织界限明显，切面组织致密，支气管淋巴结和纵隔淋巴结肿大、切面呈灰白色。典型剖检变化见图 2-5-6 和图 2-5-7。

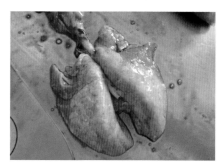

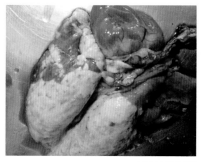

图 2-5-6 肺脏尖叶对称性肉样变性   图 2-5-7 肺脏尖叶肉变，膈叶胰变

【鉴别诊断】　见表 2-5。

表 2-5　与猪支原体肺炎的鉴别诊断

病　名	症　状
猪繁殖与呼吸障碍综合征	剖检弥散性肺炎，胸部淋巴结水肿、增大、呈褐色，母猪可出现死胎、流产和木乃伊胎

（续）

病　名	症　状
猪流行性感冒	眼鼻流黏性分泌物。剖检咽、喉、气管、支气管有黏稠的黏液，肺心叶、尖叶、中间叶和膈叶发生肉变，肺部有下陷的深紫色区
猪肺疫	皮肤有紫斑和小出血点。剖检纤维素性肺炎，全身浆膜、黏膜、皮下组织有大量出血点，全身淋巴结出血
猪传染性胸膜肺炎	剖检肺弥漫性出血性坏死，尤其是膈叶背侧，严重的与胸膜粘连，还可引起胸膜炎

【预防措施】　加强饲养管理，定期消毒，保证猪舍内的空气卫生、清洁，清除或降低猪舍内空气中的氨气、硫化氢或灰尘等有害物对呼吸道黏膜的刺激。尤其季节的气温变化、猪的转群并圈、运输等各种应激现象发生时，更应该做好防控该病的预案。

1）预防时，可首选猪喘气病灭活苗进行免疫接种。为达到较好的免疫效果，应选择高质量的疫苗和制定合理的免疫程序。为使猪群免受猪肺炎支原体的侵害，应及早对仔猪进行免疫接种。

2）目前，市场上有弱毒疫苗和灭活疫苗可供选择使用。不同类型的疫苗应严格按照疫苗生产商提供的说明使用，然后结合猪场的实际情况制定合理的免疫程序。

【治疗措施】　脉冲式投用抗生素可减缓疾病的临床症状和避免继发感染的发生。抗生素并不能完全阻止该病感染发生，一旦停止用药，疾病很快就会复发，综合防治是根本。延胡索酸泰妙菌素是预防该病的首选敏感药物。治疗中常用的药物有土霉素、卡那霉素、喹诺酮类、氟苯尼考和大环内酯类抗生素等，都有较好的疗效。

1）每 1000kg 饲料中添加 20% 泰妙菌素 1000g + 强力霉素 200g 或每 1000kg 饲料中添加替米考星 200～400g（以替米考星计）+ 70% 氟苯尼考 50g，连用 7～10 天；或每 1000kg 饲料中添加泰乐菌素 200g + 磺胺二甲基嘧啶 150g，连用 7～14 天；或每 1000kg 饲料中添加 20% 泰妙菌素 1000g + 磺胺-6-甲氧嘧啶 300g + 碳酸氢钠 3000g，连用 7～10 天。

2）患病猪的个体治疗：每千克体重肌内注射泰妙菌素或泰乐菌素 10mg，每天 2 次，连用 3～5 天；每千克体重肌内注射氟苯尼考 20mg，每天 2 次，连用 3～5 天；每千克体重肌内注射恩诺沙星 10mg，每天 2 次，连用 3 ~ 5 天。出现严重呼吸困难的重症猪可辅以对症治疗，每千克体重肌内注射氨茶碱 5mg，每天 1 ~ 2 次，连用 2 天。

六、副猪嗜血杆菌病

副猪嗜血杆菌病（haemophilus suis，HPS）是由副猪嗜血杆菌引起猪的多发性浆膜炎和关节炎的细菌性传染病。

【流行病学】　本病主要感染仔猪，断奶后 10 天左右多发而呈现慢性经过。患病猪或带菌猪主要通过空气，经呼吸道感染健康猪，消化道和其他传染途径也可感染。此外，本病的发生还与猪抵抗力、环境卫生、饲养密度等各种应激因素诱发或继发有极大的关系。目前，对于猪呼吸道疾病，如支原体肺炎、猪流感、猪繁殖与呼吸障碍综合征、猪伪狂犬病和猪呼吸道冠状病毒感染等，副猪嗜血杆菌的存在就会加重病情，特别是规模化猪场在受到猪繁殖与呼吸障碍综合征、圆环病毒感染之后免疫功能下降，该病菌伺机暴发，成为主要的继发感染病原，列为主要条件致病菌，也预示 PRRSV 感染印迹（常称为"影子病"）。

【临床表现】　本病多呈继发感染和混合感染，常见断奶前后和保育后期阶段猪发病，缺乏特征性症状。一般病猪表现体温升高、食欲不佳、精神沉郁，关节肿胀、疼痛，一侧跛行。患病猪侧卧或颤抖，共济失调，逐渐消瘦，被毛粗糙，出现腹式呼吸，可视黏膜发绀。典型临床表现见图 2-6-1 ~ 图 2-6-4）。

图 2-6-1　病猪耳部发绀

图 2-6-2　病猪被毛粗乱，生长迟缓

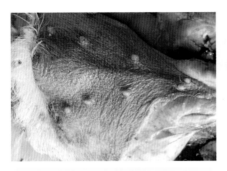

图 2-6-3　腹部发绀

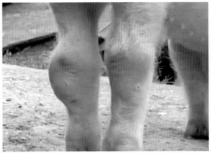

图 2-6-4　病猪跗关节肿大

【病理剖检变化】　全身淋巴结肿大，切面颜色一致、呈灰白色。胸膜、腹膜、心包膜和关节浆膜出现纤维素性炎。胸腔和心包内有大量浅黄色积液。典型剖检变化见图 2-6-5 ~ 图 2-6-16。

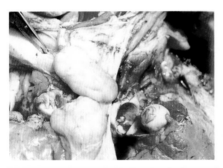

图 2-6-5　腹股沟淋巴结肿大、呈灰白色

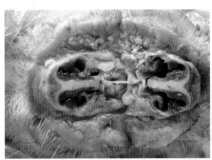

图 2-6-6　鼻黏膜充血

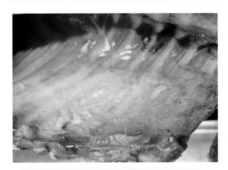

图 2-6-7　胸廓上附有一层灰白色
纤维素性渗出物

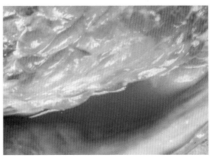

图 2-6-8　腹膜炎，腹腔积有黄色
的液体

图 2-6-9　腹腔有浑浊液体，肠管
　　　　　充气、充血

图 2-6-10　"绒毛心"，胸腔积液

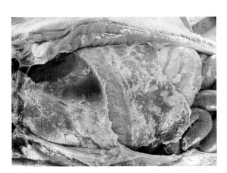

图 2-6-11　肝脏、脾脏表面附有
　　　　　一薄层灰白色纤维素性渗出物

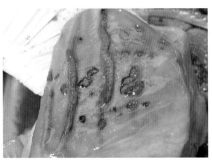

图 2-6-12　胃底出血、有溃疡

图 2-6-13　跗关节周围胶冻样肿胀

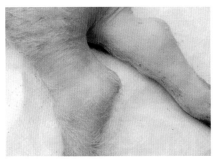

图 2-6-14　跗关节肿大（白挨泉等）

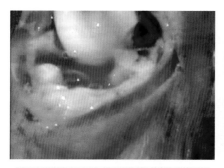

图 2-6-15　跗关节内有黄色黏液

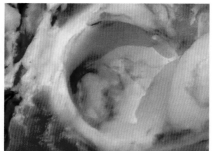

图 2-6-16　髋关节内有黄色关节液

【鉴别诊断】　见表2-6。

表 2-6　与副猪嗜血杆菌病的鉴别诊断

病　名	症　状
猪传染性胸膜肺炎	剖检病变局限于肺脏和胸腔，颈前、颌下肺门淋巴结充血、出血
猪肺疫	呼吸困难，胸部有剧烈的疼痛感。剖检可见咽喉和肺脏肿胀，全身淋巴结充血、出血
猪链球菌病	病程短，呼吸急促，流浆液性鼻液，伴有神经症状，关节积液浑浊。剖检可见败血症变化

【预防措施】　该病治疗效果不好，因此，猪场养殖生产中以预防为主。

1）由于副猪嗜血杆菌血清型较多，不同的血清型致病力不同，选用多价油乳剂灭活苗进行免疫接种。按照疫苗生产商提供的使用说明，按瓶签注明的头份，不论猪只大小，每次均颈部肌内注射 1 头份。种公猪每半年接种一次；后备母猪在产前 8 ~ 9 周首免，3 周后二免，以后每胎产前 4 ~ 5 周免疫一次；仔猪在 2 周龄首免，3 周后二免。

2）加强饲养管理与环境消毒，减少各种应激，在疾病流行期间减少猪只的断奶、转群、混群并圈或运输应激，辅以一些抗应激和有效防止该病发生的药物。

【治疗措施】　猪场发生疫情时，首先隔离病猪，投用大剂量抗生素进行全群性药物预防。大多数的副猪嗜血杆菌对氨苄西林、氟喹诺酮类、头孢菌素、多西环素、庆大霉素和增效磺胺类药物敏感，对红霉素、大观霉素和林可霉素有抵抗力。为控制该病的发生发展和耐药菌株出现，应进行药敏试验，科学选用抗生素。

1）鉴于仔猪在 7 日龄前鼻黏膜有可能前置寄生副猪嗜血杆菌，在疑似发生感染前就应定期投用抗生素预防，每 1000kg 饲料中添加 20% 泰妙菌素 1000g + 强力霉素 300g，连用 7 ~ 10 天；或每 1000kg 饲料中添加替米考星 200 ~ 400g（以替米考星计）+ 氟苯尼考 100g，连用 7 ~ 10 天；或每 1000kg 饲料中添加恩诺沙星 100g + 头孢噻呋钠 200g，连用 7 ~ 10 天。

2）个体猪患病初期，首选头孢噻呋钠，按每千克体重 3 ~ 5mg，肌内注射，每天 1 次，连用 3 ~ 5 天；恩诺沙星注射液，按每千克体重 2.5mg，每天 1 ~ 2 次，连用 3 ~ 5 天。

七、猪 肺 疫

猪肺疫（swine pasteurellosis）是由多杀性巴氏杆菌引起的一种急性、热性传染病，俗称"锁喉疯"。最急性型呈败血症变化，急性型呈纤维素性胸膜炎症状，慢性型症状不明显，逐渐消瘦，有时伴有关节炎。

【流行病学】 本病对多种动物和人均有致病性，多为散发，有时可呈地方性流行，冷热交替、气候剧变、闷热、多雨、潮湿时期多发。发病的畜禽和带菌畜禽是主要的传染源。

【临床表现】

（1）最急性型 呈败血症症状，迅速死亡。主要表现食欲废绝、全身衰弱，卧地不起、烦躁不安。颈下咽喉红肿、发热，可视黏膜发绀，腹侧、耳根和四肢内侧皮肤出现红斑。

（2）急性型 主要表现纤维素性胸膜肺炎症状。初期表现体温升高，发生短而干的痉挛性咳嗽，有黏稠性鼻液，有时混有血液。严重时表现呼吸困难、犬坐姿势，可视黏膜发绀。典型临床表现见图 2-7-1 ~ 图 2-7-5。

图 2-7-1 呼吸困难，张口呼吸
（白挨泉等）

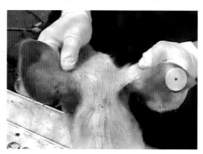

图 2-7-2 耳发绀

图 2-7-3　吻突发紫

图 2-7-4　下颌皮下水肿严重

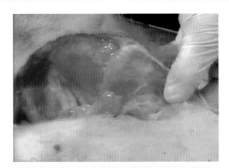

图 2-7-5　颈部皮下有大量胶冻物

（3）慢性型　主要表现慢性肺炎或慢性胃肠炎症状。病猪精神沉郁、食欲减退，持续性咳嗽和呼吸困难。极度消瘦（图 2-7-6），常有泻痢现象。

图 2-7-6　消瘦，成为僵猪（白挨泉等）

【病理剖检变化】

（1）最急性型　病猪剖检可见咽喉黏膜下组织均呈急性出血性炎性水肿，有大量黄色、透明液体流出，有的组织呈黄色胶冻样。全身淋巴结肿大、充血、出血，有的可发生坏死。典型剖检变化见图2-7-7～图2-7-10。

图2-7-7　颈部有胶冻物浸润

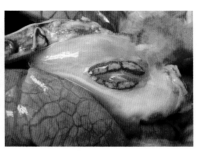

图2-7-8　肺门淋巴结出血，周边有大量胶冻物

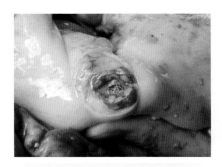

图2-7-9　胃门淋巴结出血

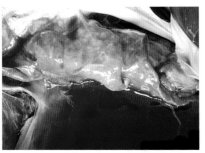

图2-7-10　胸腔积黄色液体，肺脏有胶冻物

（2）急性型　病猪全身浆膜和黏膜见有点状出血。胸、腹腔和心包腔内液体量增多。肺脏多数表现瘀血、水肿、组织内存在局灶性红色肝变病灶。肺门淋巴结肿大、出血。肺脏表面呈暗红色、被膜粗糙，小叶间质增宽、水肿，成大理石样外观。典型剖检变化见图2-7-11～图2-7-17。

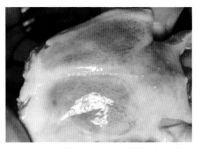

图2-7-11　扁桃体充血、出血

图 2-7-12　肺间质增宽、气管内有
大量白色泡沫

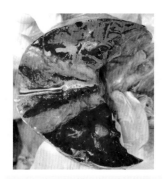

图2-7-13　肺脏切面：肺出
血病变界限弥散

图 2-7-14　心内膜出血

图 2-7-15　胃底黏膜红布样出血

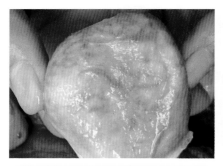

图 2-7-16　膀胱充血

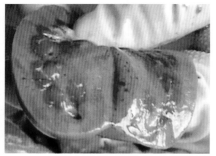

图 2-7-17　肾脏切面充血，乳头出血

（3）慢性型　病猪肺部发生肝变，出现灰黄色坏死或化脓灶。肺脏、肋、胸膜常粘连，有时有化脓性关节炎。典型剖检变化见图 2-7-18～图 2-7-21。

图 2-7-18　肺脏表面见散在局灶性
化脓灶（孙锡斌等）

图 2-7-19　心脏表面覆盖纤维素，
也称"绒毛心"

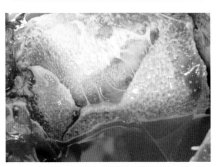

图 2-7-20　肺脏附有灰白色纤维素
性渗出物，胸腔积液

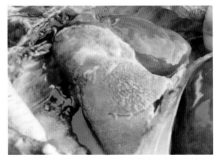

图 2-7-21　肺脏表面大量纤维素
渗出

【鉴别诊断】　见表 2-7。

表 2-7　与猪肺疫的鉴别诊断

病　名	症　状
猪瘟	剖检全身淋巴结肿大、呈大理石样，扁桃体出血或坏死，脾脏边缘有梗死，回盲肠有纽扣状溃疡，肾脏、膀胱黏膜有密集的出血点。抗生素和磺胺类药物治疗无效
猪繁殖与呼吸障碍综合征	发病初期有类似流感的症状。妊娠母猪流产、死胎、木乃伊胎。剖检可见间质性肺炎，呈褐色、斑驳状，淋巴结肿大、呈褐色
猪流行性感冒	眼结膜充血、肿胀、流黏性分泌物。剖检咽、喉、气管和支气管有黏稠的黏液，肺脏水肿、有下陷的深紫红色区
猪丹毒	皮肤有菱形、圆形和方形疹块。剖检脾脏呈樱红色，心瓣膜有血栓性赘生物

（续）

病　名	症　状
猪支原体肺炎	反复干咳，不出现疼痛反应。剖检出现融合性支气管炎，肺尖叶、心叶、中间叶和膈叶出现"肉样"或"虾肉样"实变、呈对称性分布
猪传染性胸膜肺炎	口、鼻流出泡沫样血色分泌物。剖检肺脏出现弥漫性出血性坏死，出血坏死界限清晰，尤其是膈叶背侧特别明显
猪副伤寒	下痢，粪便呈浅黄色或灰绿色，皮肤弥漫性湿疹。剖检肠系膜淋巴结索状肿胀、呈灰白色，盲肠和结肠有不规则溃疡，附有伪膜
猪炭疽	可视黏膜发绀和天然孔流出煤焦油样血液。病变多局限于咽及喉部，咽、喉及前颈部淋巴结肿胀、出血，扁桃体出血坏死，脾脏极度肿大、呈黑色，超过正常数倍
猪弓形虫病	粪便干燥、呈暗红色。剖检肺脏膨大、有光泽、表面有针尖大出血点，膈叶和心叶间质水肿、切面流出泡沫液体，回盲瓣有点状溃疡，肠系膜淋巴结索状肿胀、切面多汁、有灰白灶和出血点
副猪嗜血杆菌病	病程长，常继发于其他呼吸道疾病后。被毛粗乱，关节肿大，喘。心包炎、胸膜炎，腹膜炎，全身浆膜炎

【预防措施】

1）加强日常的饲养管理，做好定期消毒，猪舍内清洁卫生，做好通风，降低舍内污秽气体浓度，减少空气中的灰尘，降低饲养密度。做好疫苗接种预防工作，加强兽医防疫卫生工作。

2）常发地区可口服猪肺疫弱菌苗来预防本病的发生。口服猪肺疫弱毒冻干菌苗，按瓶签说明的头份，用冷开水稀释后，混入少量饲料内喂猪，不论大小猪，一律口服1头份，疫苗稀释应在4h之内用完，使用疫苗前后7天禁止投用抗生素。

【治疗措施】　最急性型和急性型的病猪，及时隔离，同时做好消毒和个体护理工作，早期使用抗血清治疗，效果较好。青霉素、氟苯尼考、四环素类和大环内酯类抗生素、喹诺酮类药物等对本病都有一定疗效。

1）每千克体重肌内注射头孢噻呋钠3～5mg，每天1次，连用3～5天；或恩诺沙星按每千克体重肌内注射2.5mg，每天1～2次，连用3～5天；或磺胺-6-甲氧嘧啶按每千克体重肌内注射30mg，每天1次，连用3～5天。

2）对于急性病例，严重呼吸困难病猪，按每千克体重肌内注射氨茶碱5mg，同时配合注射复方磺胺嘧啶钠，按每千克体重20～30mg，用水1:1稀释后静脉注射，之后再按每千克体重补充静脉注射5%碳酸氢钠1mL，待症状明显缓解，视病情缓解后再按以上药物使用方案进行肌内注射，继续治疗5～7天。

3）对于群体防治，可采用每1000kg饲料中添加20%泰妙菌素1000g＋20%氟苯尼考300g，连续饲喂7天，停药3天，再每1000kg饲料中添加20%恩诺沙星微囊500g＋阿莫西林300g，连用5～7天；或每1000kg饲料中添加替米考星200～400g（以替米考星计）＋氟苯尼考100g，连用7～10天；或每1000kg饲料中添加恩诺沙星100g＋头孢噻呋钠200g，连用7～10天。

八、猪附红细胞体病

猪附红细胞体病（eperythrozoonosis，EPE）是由附红细胞体引起的一种人畜共患传染病，以贫血、黄疸和发热为特征。

【流行病学】 本病可感染多种动物和人，任何年龄的猪都可感染，主要发生在夏、秋季或雨水较多的季节，高温高湿环境等应激发病率和死亡率较高。病猪和隐性感染猪是本病的主要传染源。可能通过接触性传播、血源性传播、垂直传播及媒介昆虫传播等方式传染给猪。其他疾病导致猪抵抗力和免疫力低下可诱发该病，尤其猪群中存在某些传染病与该病有着密切的关系。在一个猪群中，只有那些受到强烈应激的猪才会出现明显的临床症状，如贫血、发热，有时也可见黄疸。过度拥挤，恶劣的天气，转群并圈，更换饲料或慢性疾病都可能诱使猪附红细胞体病的发生。

【临床表现】 断奶仔猪感染后表现体温升高、食欲不振、精神委顿，贫血、黏膜苍白。感染母猪主要表现厌食、发热、产奶量下降、可能出现繁殖障碍。育肥猪感染后，皮肤潮红，毛孔处有针尖大微红斑或弥散性出血点，体温升高、精神萎靡、食欲不振。典型临床表现见图2-8-1～图2-8-7。

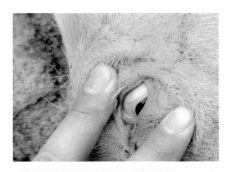

图2-8-1　病猪眼睛黄染

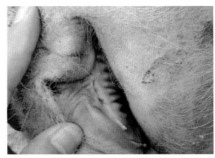

图2-8-2　口腔、嘴角部黄染

图 2-8-3　全身皮肤和可视黏膜
苍白、贫血、黄染（徐有生）

图 2-8-4　全身皮肤荨麻疹（徐有生）

图 2-8-5　皮肤充血（白挨泉等）

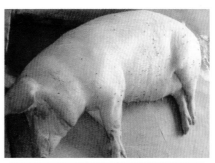

图 2-8-6　母猪发生高热、流产、
食欲不振（林太明等）

图 2-8-7　尿液赤黄或茶色

【病理剖检变化】　主要病
变可见皮下黏膜和浆膜苍白、黄
染，皮下组织弥漫性黄染。典型
剖检变化见图 2-8-8 ~ 图 2-8-27。

图2-8-8 脑出血，皮下黄染

图2-8-9 皮下黄染

图2-8-10 肌肉黄染

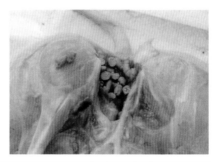

图2-8-11 排羊粪状粪便（白挨泉等）

图2-8-12 大网膜黄染

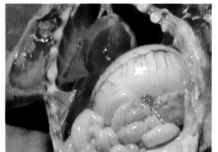

图2-8-13 猪肠浆膜黄染

图 2-8-14　扁桃体黄染

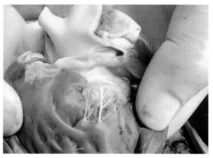

图 2-8-15　动脉管、心脏瓣膜黄染

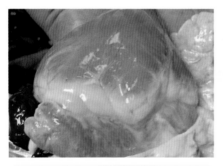

图 2-8-16　冠状脂肪黄染

图 2-8-17　肺脏弹性降低、黄染

图 2-8-18　肝脏肿大、出血、黄染

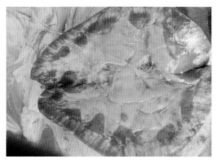

图 2-8-19　肾脏切面黄疸（白挨泉等）

图 2-8-20 淋巴结出血，脂肪黄染

图 2-8-21 淋巴结黄染、出血，
皮肤黏膜黄染

图 2-8-22 肠系膜淋巴结肿大，
肠系膜黄染

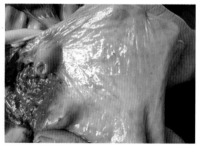

图 2-8-23 盲肠黄染

图 2-8-24 胃底部出血

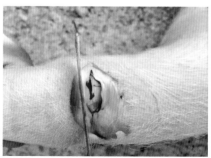

图 2-8-25 关节黄染

图 2-8-26　膀胱充盈，尿液呈"茶色"

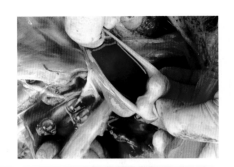

图 2-8-27　膀胱内"茶色"尿

【鉴别诊断】　　见表2-8。

表 2-8　与猪附红细胞体病的鉴别诊断

病　名	症　状
猪瘟	剖检喉、咽、扁桃体、皮下脂肪出血，肠系膜淋巴结暗紫、切面出血，肾包膜下有出血点，脾脏边缘有梗死，回盲肠有纽扣状溃疡
猪肺疫	咽喉肿胀，流涎，痉挛性干咳。剖检咽喉部及周围结缔组织出血性浆液浸润，纤维素性肺炎，胸膜与肺脏粘连
猪支原体肺炎	体温正常。剖检可见肺心叶、尖叶、中间叶肉变或胰变
猪传染性胸膜肺炎	口、鼻流出泡沫状血色分泌物。剖检可见肺门处出血性突变坏死区，肺前部肺炎病变
猪李氏杆菌病	全身衰竭，口渴，僵硬，皮疹。剖检肝脏局灶性坏死，脾脏、淋巴结、肺脏、心肌、胃肠道等处也有小坏死灶
猪弓形虫病	异嗜癖，流水样鼻液。剖检肺脏膨大、表面有出血点，肠系膜淋巴结索状肿大，回盲瓣点状溃疡
猪缺铁性贫血	多发于出生后 8～9 天。易继发下痢或与便秘交替出现
猪胃溃疡	多发于较大的架子猪。出现腹痛、呕吐，排煤焦油样黑粪。剖检食管部、幽门区及胃底黏膜溃疡
猪黄脂病	引起黄色素仅仅沉积于脂肪组织而发生黄染现象，其他组织器官无异常变化

【预防措施】　　加强猪场的生物安全措施，定期消毒，驱杀蚊、蝇、蠓蚋、虱、疥螨等昆虫。高温高湿季节，做好猪舍内的通风，保持猪舍内清洁、干燥，保障猪只摄取营养均衡，做好猪体内外寄生虫的清除工作，增强猪只的抵抗力和免疫力，阉割、注射或放血等血液传播行为操作时应

加强消毒卫生处置，减少不良应激因素的发生。

【治疗措施】

1）发病初期或中前期治疗该病的首选药物为贝尼尔（血虫净），按每千克体重深部肌内注射5～7mg，间隔48h重复用药一次。

2）临床上常用长效土霉素注射液，按药物说明书使用，每天一次，每次肌内注射10mL，连续2～3天，或每周注射1次，连续注射4～5次。也可在发病初期肌内注射盐酸土霉素，按每千克体重15mg，分两次注射，可连续投用一周。

3）强力霉素是治疗母猪附红细胞体病的首选药物。按强力霉素300～400g拌1000kg饲料或者150～200g兑1000L水，连续使用，辅以氨基酸多维电解质溶液，直至症状消失。

4）对于发病母猪应防止低血糖和酸中毒，静脉注射10%葡萄糖和5%碳酸氢钠，每1000kg饲料中或饮水中添加碳酸氢钠1000～2000g。安钠咖注射液0.5～1mL。高烧解热并辅以补铁、维生素C。用药时兼顾并发症或继发症的用药。

九、猪弓形虫病

猪弓形虫病（toxoplasmagondi）是由龚地弓形虫寄生在猪有核细胞内进行无性繁殖而引起的一种人兽共患的原虫病。是一种单核细胞寄生原虫，只能在活的有核细胞内生长繁殖。当有感染力的卵囊、包囊或假包囊被动物吞食后均能感染发病。

【流行病学】 本病可感染200多种动物和人，宿主种类广泛，终末宿主是猫，其他动物和人类都是中间宿主。有明显的季节性，本病不受气候限制，夏、秋季节（气温25～37℃）多发，经常波及整个猪场发病，哺乳仔猪发病率低，以25kg以上及育肥猪发病率最高，病死率可达60%。被感染的猫排出的卵囊孢子化后和中间宿主分泌物或排泄物中的滋养体都具有感染性。可经消化道、呼吸道、损伤的皮肤和眼结膜传染和经妊娠母猪通过胎盘和初乳垂直感染。

【临床表现】 猪感染本病后，初期体温升高至40.5～42℃，呈稽留热，精神委顿、食欲减退、粪多干燥，呈暗红色或煤焦油样，尿液呈橘黄色，下腹、下肢、耳、尾部瘀血或发绀；后期呼吸极度困难，体温急剧下降而死亡。妊娠猪病程持续数天后往往发生流产。典型临床表现见图2-9-1～图2-9-4。

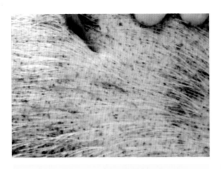

图2-9-1 皮肤密布出血点

图2-9-2 病仔猪张口呼吸（白挨泉等）

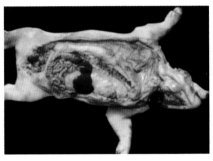

图2-9-3 肌肉苍白、营养不良
（宣长和等）

图2-9-4 哺乳仔猪尸体：营养不良，
皮肤不洁、有斑点（宣长和等）

【病理剖检变化】 见图2-9-5～图2-9-15。

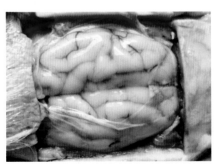

图2-9-5 脑水肿

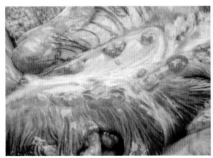

图2-9-6 肠系膜淋巴结肿大、出
血（白挨泉等）

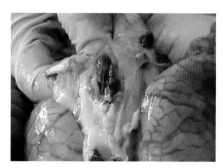

图 2-9-7 肺门淋巴结出血

图 2-9-8 肺水肿，肺间质增宽

图 2-9-9 小肠系膜淋巴结肿大、呈灰白色

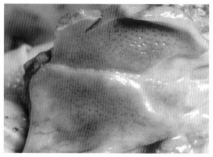

图 2-9-10 扁桃体有出血点

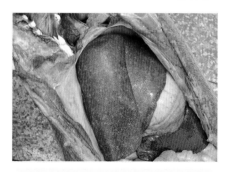

图 2-9-11 肝脏表面有灰白色变性结节

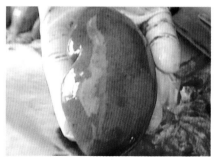

图 2-9-12 肾脏表面有大小不一的灰白色病灶，有弥漫性瘀血点

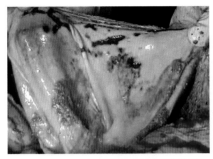

图 2-9-13　胃底有条形溃疡

图 2-9-14　肠黏膜肥厚

图 2-9-15　胆囊肿大，黏膜有出血点

【鉴别诊断】　见表2-9。

表 2-9　与猪弓形虫病的鉴别诊断

病　名	症　状
猪瘟	全身皮肤发绀。剖检脾脏边缘有紫色梗死，淋巴结呈暗紫色，肾脏、膀胱黏膜有密集的出血点，回盲肠有纽扣状溃疡
猪丹毒	全身皮肤潮红，有圆形、方形、菱形高出周边皮肤的红色或紫红色疹块。剖检脾脏呈樱红色，淋巴结切面呈灰白色、多汁、周围暗红色
猪肺疫	咽喉部肿大，呼吸困难，咳嗽。剖检皮下有胶冻样纤维素性浆液，出现纤维素性肺炎，胸膜与肺脏粘连，气管和支气管有黏液
猪链球菌病	共济失调，磨牙、昏睡。剖检脾脏肿大1~3倍、呈暗红色或蓝紫色、柔软而脆，肾脏肿大、充血、出血、呈黑红色
猪附红细胞体病	全身发抖，可视黏膜充血或苍白。剖检血液凝固不良

【预防措施】 猪舍保持清洁卫生，严格消毒；猪场禁止猫进入、加强灭鼠工作，杜绝病猪的排泄物污染猪舍、饲料和水源等。严格落实生物安全措施，发现病猪及时隔离。

【治疗措施】 高发季节首选磺胺嘧啶类药物进行预防和治疗。

1）每1000kg饲料中添加磺胺-5-甲氧嘧啶或磺胺间甲氧嘧啶300～500g、三甲氧苄氨嘧啶（TMP）60～100g、小苏打粉（碳酸氢钠）500～1000g，连用5～7天。

2）发病猪，每千克体重肌内注射磺胺嘧啶钠注射液70mg+每千克体重混饲拌料口服三甲氧苄氨嘧啶14mg，每天2次，连用5～7天；肌内注射安乃近注射液，每天1次，连用3天。应用药物治疗的同时，应及早辅助补充猪体体液以缓解症状。

十、猪肺丝虫病

猪肺丝虫病（meta styongylidae. metastrongylas）又称猪后圆线虫病，是由后圆属的线虫寄生于猪的支气管和细支气管而引起的一种线虫病。严重感染时，可引起肺炎（尤以肺膈叶多见），而且能加重肺部细菌性和病毒性疾病的危害，对仔猪的危害很大。

【流行病学】 虫卵随患病猪和带虫猪的粪便排出体外，虫卵进入中间宿主蚯蚓体内发育成感染性幼虫。感染性幼虫被蚯蚓排出体外后，经消化道感染猪。本病的流行情况与蚯蚓的分布和密度有直接的关系，多见于林下、草原等放牧养殖模式。

【临床表现】 病猪主要表现消瘦、发育不良、阵发性咳嗽、食欲减退、精神沉郁、呼吸困难急促，最后衰弱死亡。

【病理剖检变化】 剖检可见支气管增厚、扩张，小支气管周围组织增生，膈叶腹面有楔状肺气肿区，肺脏附近有坚实的灰色小结，肌纤维肥大。典型剖检变化见图2-10-1。

【鉴别诊断】 见表2-10。

图2-10-1 支气管内的猪后圆线虫
（宣长和等）

表 2-10　与猪肺丝虫病的鉴别诊断

病　名	症　状
猪喘气病	眼结膜发绀。剖检肺脏出现肉变或胰变
猪蛔虫病	不表现痉挛性咳嗽，有时呕吐、下痢，有时呕出虫体
猪支气管炎	不表现阵发性咳嗽。剖检支气管黏膜充血，有黏液，黏膜下水肿，无虫体

【预防措施】　保持猪舍环境清洁、干燥，定期驱虫，禁止到低洼潮湿地带放牧，避免猪吃到蚯蚓，做好粪便的处理工作，猪粪集中进行堆积发酵。

【治疗措施】　治疗时可使用左旋咪唑、阿苯达唑等药物。内服一次量按每10kg体重10%阿苯达唑伊维菌素粉0.7～1g。患病猪个体治疗，每千克体重一次量皮下注射伊维菌素0.3mg。

十一、猪呼吸道综合征

猪呼吸道综合征（porcine respiratory complex，PRDC）是由多种病毒和细菌混合感染引起的一种以侵害猪呼吸道为特征的高致死性传染病。一般由潜在的原发病原（多为病毒）和继发病原（常为细菌），引起发病的主要病原体为肺炎支原体，病毒包括繁殖与呼吸障碍综合征病毒、圆环病毒、流感病毒、伪狂犬病毒和猪瘟病毒，主要的细菌包括链球菌、巴氏杆菌、放线杆菌、副猪嗜血杆菌、沙门氏菌和附红细胞体等多病原混合感染，以及各种应激、饲养管理不良和猪群免疫力低下等不良因素，相互作用而引起呼吸道综合征。临床上以生长速度降低、饲料利用率降低、食欲减退、咳嗽、喘气、呼吸困难为主要特征。

【流行病学】　本病可感染不同年龄、品种的猪只，妊娠母猪和仔猪最易感，断奶后各个阶段的猪均可发病，尤其是14周龄育肥猪。发病猪和隐性感染猪是本病的主要传染源，经呼吸道传播。发病率和死亡率在不同的感染情况下有一定差异，受猪舍环境卫生、饲养密度、温度和湿度，气候变化、转群并圈、长途运输和猪只自身体况和日常营养低下等多种应激因素的影响。

【临床表现】　病猪表现咳嗽、气喘、腹式呼吸、眼肿胀。生长缓慢，母猪产弱仔、死仔。皮肤出血、有红色疹块。典型临床表现见图2-11-1～图2-11-4。

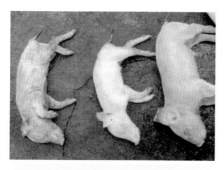

图 2-11-1 母猪产下的弱仔、死仔
（白挨泉等）

图 2-11-2 生长猪皮肤出血，形成
红色疹块

图 2-11-3 猪耳部呈暗紫色，有
少量坏死（林太明等）

图 2-11-4 猪鼻孔流黏性、脓性
分泌物（林太明等）

【病理剖检变化】 剖检可见全身淋巴结肿大，喉头、气管出血，肺脏出血、水肿、气肿、实变，表现为弥漫性间质性肺炎，有纤维素性渗出。胃溃疡、出血。由于混合感染，还出现一些疾病的相应病变。典型剖检变化见图 2-11-5 ~ 图 2-11-19。

图 2-11-5 皮下黄染

图 2-11-6　气管充血，内有黄色黏液

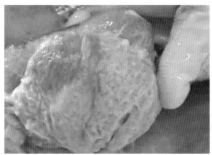

图 2-11-7　绒毛心

图 2-11-8　心包炎，肺脏表面有
纤维素性坏死（林太明等）

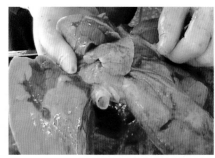

图 2-11-9　肺脏有肉变区

图 2-11-10　肺脏肉变，有化脓状
结节

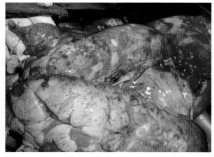

图 2-11-11　病猪间质性肺水肿、
肺脏表面出血、肺膈叶肝变

图 2-11-12　肝脏表面有纤维素覆着

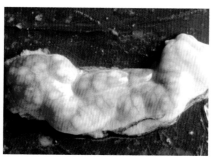

图 2-11-13　小肠所属淋巴结肿大

图 2-11-14　结肠外观有坏死灶

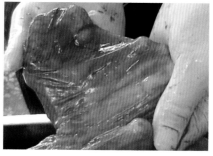

图 2-11-15　盲肠变薄、出血

图 2-11-16　胃溃疡、出血（白挨泉等）

图 2-11-17　胃肠不同程度的出血性炎症

图 2-11-18　膀胱充盈

图 2-11-19　关节黄染

【鉴别诊断】　见表 2-11。

表 2-11　与猪呼吸道综合征的鉴别诊断

病　名	症　状
猪流行性感冒	体温突然升高，可达 40.3~41.5℃，甚至高达 42℃，群发性迅速、痉挛性咳嗽，双眼、双鼻均流黏性分泌物，猪体表现全身疼痛，触摸可听嘶叫声
猪繁殖与呼吸障碍综合征	病乳猪打喷嚏、呼吸困难、肌肉震颤。育成猪双眼肿胀、结膜炎，时有腹泻。母猪妊娠后期早产、流产、死产、木乃伊胎和弱仔。剖检病变为弥漫性间质性肺炎，并伴有细胞浸润和卡他性肺炎区
猪伪狂犬病	乳猪呕吐下痢，2 月龄以上猪表现一过性发热，有肌肉抽搐等神经症状。多在病后 3~4 天康复
猪肺疫	呼吸困难，胸部有剧烈的疼痛感。剖检可见咽喉和肺脏肿胀，全身淋巴结充血、出血
猪传染性萎缩性鼻炎	鼻出血，鼻甲骨萎缩、变歪，眼角有泪斑。剖检在第一臼齿和第二臼齿剖面可见鼻甲骨萎缩
猪接触性传染性胸膜肺炎	口、鼻流出泡沫样血色分泌物。剖检肺脏出现弥漫性出血性坏死，尤其是膈叶背侧特别明显
副猪嗜血杆菌病	病程长，常继发于其他呼吸道疾病后。被毛粗乱，关节肿大，喘。心包炎、胸膜炎、腹膜炎，全身浆膜炎
猪支原体病	反复干咳，无疼痛反应。剖检肺心叶、尖叶、中间叶、膈叶出现对称性"肉变"或"虾肉样变"
猪链球菌病	病程短，呼吸急促，流浆液性鼻液，伴有神经症状，关节积液浑浊。剖检可见败血症变化
猪弓形虫病	异嗜癖，流水样鼻液。剖检肺脏膨大、表面有出血点，肠系膜淋巴结索状肿大，回盲瓣点状溃疡

【防治措施】

1）首先应引猪安全、严格检疫，隔离观察，药物防病，及时接种疫苗。生物安全、全进全出，全面消毒。加强饲养管理、改善饲养环境，消除疾病的传播媒介，严禁饲养牛、羊、犬、猫和禽类等动物。保障供给优质饲料饲喂，适时进行疫情监测，及时了解猪群的免疫状况和健康状态。

2）因为 PRDC 的发生既有感染的因素，又有营养、饲养管理以及猪舍环境的因素，因而，应该采取综合性措施加以控制。目前，PRRS 和 PCV-2 经常单独或混合一起，在猪呼吸道综合征病程中起了至关重要的作用，多数情况下引起原发感染。

种猪群可以采用良好的饲养管理保持猪群 PRRS 的稳定。即种源场的 PRRS 状况应该与本场的 PRRS 状况相似，这样就没有对 PRRS 特别敏感的猪。在后备母猪阶段通过适应程序使后备母猪发生血清转化。具体可以将 PRRSV 阳性的保育猪、育肥猪或淘汰的母猪与后备母猪混合（时间为 2 周左右），这一程序必须在配种前 2 个月之前完成，否则容易造成流产等繁殖障碍问题。当母猪群的 PRRS 感染状况比较一致时，其后代的母源抗体水平比较均一，很少会发生 PRRSV 的水平传播。

3）肺炎支原体是本病发生的主导病原体，该病原体可引发该猪而无需其他细菌或病毒的协同，属于原发呼吸道病病原。可以在保育舍内缓慢传播，但这种传播是可以通过良好的通风和保温以及降低饲养密度加以减轻或预防的。

猪场可以通过肺炎支原体疫苗的免疫接种来预防。肺炎支原体免疫可以减轻 PRRSV 的感染，预防 PRDC。但 PRRSV 感染又可干扰肺炎支原体的免疫。如果在肺炎支原体免疫前感染 PRRSV，则肺炎支原体的免疫效果明显降低。所以如果断奶后仔猪早期感染了 PRRSV，则最好不在 5 周龄接种肺炎支原体疫苗。也应考虑支原体疫苗中佐剂对 PCV-2 感染的促进作用。

【治疗措施】

1）PRDC 的发生是病毒和细菌（包括支原体）混合感染的结果。目前猪场常用的药物组合为每吨饲料中添加泰妙菌素 100g、强力霉素 300g；也可使用泰妙菌素 100g、氟苯尼考 60g；或替米考星 200~400g、强力霉素 300g，使用时间是在母猪产前、产后各连用 1 周；仔猪断奶后连用 14 天；保育舍转群后连用 1 周。这一药物组合基本上可以控制绝大多数呼吸道细菌性病原体的感染。

2）由于 PRDC 发病过程中猪的采食量下降，通过饲料给药治疗时，必须提高用药剂量，或者通过注射的途径给药，否则达不到药物的治疗剂量，同时应饮用大量的营养液进行辅助治疗。

⚠️注意：疾病预防不能完全依赖药物，预防的关键是改善猪场的饲养管理，提升猪只机体的抵抗力和免疫力。

👉 十二、猪应激综合征 👈

猪应激综合征（porcine stress syndrome，PSS）是现代养猪生产条件下，猪受到许多种不良因素的刺激而引起的非特异性全身性反应，以及由此而引起的机体各种机能和代谢功能的变化。本病在世界范围内广泛出现。

【流行病学】 当猪在生产条件下，受到应激源的刺激时会引起发病。应激源包括拥挤、过热、过冷、运输、驱赶、中毒、创伤、电离辐射、饥饿、缺氧、打架、隔离、陌生、噪声、抓捕、保定、惊吓、注射、去势等。此外，不同品种的猪对应激的敏感性不同，对应激源的反应也不同。

【临床表现】 病猪出现惊恐、骚动，肌肉和尾巴震颤，恶性高热，口吐白沫，黏膜发绀，呼吸急迫，肌肉僵硬，站立困难，少尿或无尿，全身无力，眼球凸出，休克或突然死亡。

（1）急性死亡 这是最为严重的形式。猪在抓捕、惊吓、注射、交配或运输中突然死亡。

（2）猪应激性肌病 主要有三种，PSE 猪肉（即肉色苍白、质地松软、切面渗出的劣质猪肉）、背肌坏死和腿肌坏死。典型临床表现见图 2-12-1 ～图 2-12-4。

图 2-12-1　应激猪皮肤上有应激斑点（徐有生）

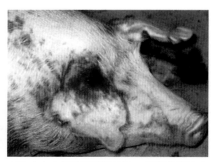

图 2-12-2　病猪皮肤上有应激斑（孙锡斌等）

图 2-12-3　病猪全身皮肤发红
　　　　　　　（孙锡斌等）

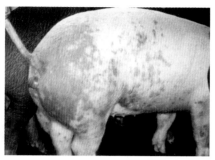

图 2-12-4　病猪全身皮肤有应激斑
　　　　　　　和阴门红肿（孙锡斌等）

【病理剖检变化】　见图 2-12-5 和图 2-12-6。

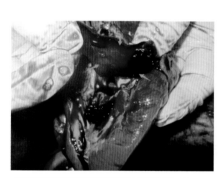

图 2-12-5　心脏左心室内有胶冻状
　　　　　　　梗死物

图 2-12-6　肺脏充血

【预防措施】　预防本病的最好方法是选育优良的品种和科学的饲养管理，检出并淘汰应激敏感猪。避免外界过多的干扰，避免猪群拥挤和注意混群，减少诸如抓捕、保定、驱赶等骚扰，防止高温中暑等。

【治疗措施】　治疗时，主要是解除应激因素、镇静、补充皮质激素。

1）氯丙嗪可用于应激的预防，也是治疗该病的首选药物。在饲料中添加延胡索酸饲喂，每千克体重 100mg。母猪在分娩前后连续投用 10～15 天；新生仔猪于生后连续投用 4～5 天；断奶前后仔猪连续投用 10～15

天；保育猪进入育肥舍或疫苗接种前后持续投用 7 ~ 15 天。

2）猪转群也可给予亚硝酸钠维生素 E 合剂，每千克体重 0.13mL；或转群时口服阿司匹林，每千克体重 1.5mg。

3）患病猪可尝试肌内注射盐酸肾上腺素 2mg 或地塞米松磷酸钠 4 ~ 12mg。

十三、疝 症

疝症（hernia）是肠管从自然孔道或病理性破裂孔道脱至皮下或其他腔内的一种常见病。根据发生部位分为脐疝、腹壁疝、阴囊疝和膈疝。

【流行病学】 脐疝是由于脐孔闭锁不全，引起小肠管潜入脐孔和皮下而引起的。腹壁疝是由于腹部肌肉撕裂，肠管通过肌肉间隙进入皮下而引起的。阴囊疝是由于鼠蹊管扩张或破裂，肠管通过鼠蹊管进入阴囊而引起的。膈疝是由于膈肌破裂，肠管进入胸腔而引起的。

【临床表现】 除膈疝外，其他三种疝症均表现发生部位肿大、腹痛、腹围增大、呼吸和脉搏加快、呕吐、排粪减少。膈疝一般表现精神极度沉郁、呼吸困难，在胸部可听到肠音。典型临床表现见图 2-13-1 ~ 图 2-13-5。

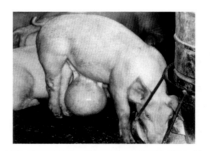

图 2-13-1 病猪下腹有一个球状物，一般采食不受影响（林太明等）

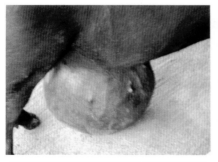

图 2-13-2 病猪脐疝严重，导致行走困难（林太明等）

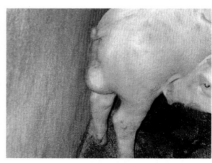

图 2-13-3 小肠由腹腔掉至阴囊处，形成阴囊疝（林太明等）

图 2-13-4 小肠由腹腔掉至腹壁，形成腹壁疝（林太明等）

图 2-13-5 猪脐疝

【鉴别诊断】 见表 2-12。

表 2-12 与猪疝症的鉴别诊断

病　名	症　状
猪脓肿	肿胀初期硬，有热痛，后期顶部柔软而基部周围仍硬，触摸不到疝孔，按压肿胀不能缩小，顶部有波动感，用针头穿刺流出脓液
猪血肿	触摸不到疝孔，按压肿胀不能缩小，有波动感，针刺可见血液流出

【预防措施】 膈疝通常预后不良，很难治愈。

【治疗措施】 脐疝、腹壁疝、阴囊疝三种疝症发病初期可降低腹压、局部按摩、热敷、将肠管缓慢送回腹腔，但无法根治本病，只有手术治疗才可彻底治愈。

（1）对于疝孔小的外疝 采用皮外缝合法处置：将脐疝猪仰卧保定、腹壁疝侧卧保定、阴囊疝倒提后肢保定，常规术部消毒，局部麻醉，先将疝内容物还纳入腹腔，然后用左手食指插入疝孔内，右手持针线（12～18号线）进行闭锁缝合，从皮外离疝孔约1cm处进针，以左手食指肚面试着进针深度，穿过皮肤、肌层、腹膜，再透出皮外为一针，依次进行均匀的皮外缝合，打结时，提升力度，狠揪勒紧。

（2）对于疝孔大的外疝 切开疝孔皮肤进行缝合，以免腹膜撕裂。难复性疝宜常规手术切开，分离粘连的肠管。术后应加强护理。

十四、肠套叠

肠套叠（intussusception）是一段肠管套入其邻近的肠管内，引起猪突然的剧烈腹痛，然后逐渐缓和，最终死亡。

【流行病学】 多发于断奶后仔猪。主要是由于饲料条件的改变，引起胃肠道运动失调，发生肠套叠。其次是仔猪处于饥饿或半饥饿状态时，突然大量进食，引起前段肠管蠕动剧烈，套入后段相接肠腔中。

【临床表现】 病猪突然发生剧烈腹痛，鸣叫、倒地、四肢划动、翻滚。初期频频排便，后期停止排便。呼吸、心跳加快，结膜潮红（图 2-14-1）。

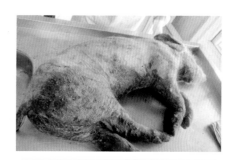

图 2-14-1 病死猪弓背，皮肤潮红

【病理剖检变化】 主要见于十二指肠和空肠，偶见回肠套入盲肠。典型剖检变化见图 2-14-2 ~ 图 2-14-7。

图 2-14-2 套叠段肠管充血、出血

图 2-14-3 肠套叠

图 2-14-4　空肠套叠

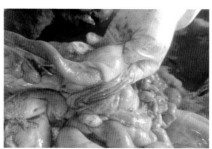

图 2-14-5　肠套叠部分肠管瘀血

图 2-14-6　套叠处肠管出血、坏死

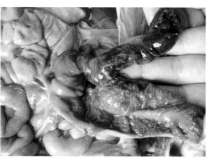

图 2-14-7　空肠、回肠套叠，套叠部
　　　　　　出血、坏死

【鉴别诊断】　见表 2-13。

表 2-13　与肠套叠的鉴别诊断

病　名	症　状
肠扭转	腹部摸到较固定的痛点，局部肠膨胀，打滚时体温升高
猪便秘	腹后部可摸到坚硬的粪块，腹痛不剧烈
肠嵌顿	脐部嵌顿有脐疝，阴囊嵌顿有阴囊疝，疝囊紫红，基部有压痛

【预防措施】　保证饲料的营养品质，积极治疗仔猪的肠道疾病，避免胃肠道功能紊乱，减少外界刺激。对仔猪应加强饲养管理，禁喂刺激性饲料。禁止粗暴追赶，捕捉，按压，不给猪过冷的饲料和饮水，骤冷天气

注意保暖，避免因寒冷刺激而激发肠痉挛。

【治疗措施】 对病猪虽注射阿托品可缓解肠痉挛症状，但不易完全恢复。治疗本病主要依靠手术疗法，早期手术疗法预后良好，晚期重度肠套叠预后不良。严禁投服泻药。

（1）直肠充气法（病初） 将气门嘴置于直肠内，肛门周围用纱布包严，助手有节奏地向直肠内打气，当肠管充满气体，套叠肠管可被迫复位。

（2）手术疗法 切开右腹壁及网膜，用左手伸入腹腔寻找套叠肠段（大多发生在空肠或回肠起始段）。如套叠肠段不能复位，可将发病肠管全部切除后采用肠吻合术。

十五、肠扭转

肠扭转（volvulus）是由于猪体位置突然改变，引起肠管发生不同程度的扭转。主要发生在空肠和盲肠。

【流行病学】 主要是由于饲喂了酸败或冷冻的饲料，刺激部分肠段紧张、蠕动加强，而其他肠段松弛，在主体突然跳跃或翻转时而引起肠扭转。

【临床表现】 突然剧烈腹痛，表现不安、挣扎、在地上打滚、呼吸困难。

【病理剖检变化】 剖检可见肠瘀血、出血、臌气、移位。结肠、盲肠内容物呈血样。典型剖检变化见图2-15-1和图2-15-2。

图2-15-1 空肠扭转

图2-15-2 小肠扭转（宣长和等）

【鉴别诊断】 见表2-14。

表2-14 与肠扭转的鉴别诊断

病 名	症 状
肠套叠	排少量稀粪、带血液和黏液，腹部脂肪不多，可摸到套叠部，压之有痛感
猪便秘	腹痛不剧烈，按压腹后部有硬块
肠嵌顿	脐部嵌顿有脐疝，阴囊嵌顿有阴囊疝，疝囊紫红，基部有压痛

【预防措施】 预防本病要注意饲料的情况，不要饲喂酸败或冷冻的饲料，尽量避免猪在进食过程中的剧烈运动，减少外界刺激。

【治疗措施】 治疗本病依靠手术疗法，术前积极采取减压、补液、强心、镇痛、解毒措施。严禁使用泻药。

十六、猪中暑

中暑（heat stroke）又称日射病（sun stroke）、热射病（heat stroke），是产热增多或散热减少所致的一种急性体温过高。临床上以超高体温、循环衰竭为特征。猪受强烈日光照射引起脑及脑膜充血，发生神经机能障碍，称为日射病；气候炎热、栏舍潮湿闷热使猪散热困难，体内积热，引起严重中枢神经功能紊乱，称为热射病。

【流行病学】 盛夏酷暑，日光直射头部，或气温高，湿度大，饲养密度大，通风不良，机体吸热增多和散热减少，是主要致病因素。肌肉活动剧烈，产热增多，是促发因素。体躯肥胖及幼龄和老龄动物对热耐受力低，是易发因素。我国长江以南地区多在4~9月发生，长江以北地区多在7~8月发生。发病时间主要在中午至下午3~4时。

【临床表现】 突然发病。病猪呼吸急促，体温升高，心跳加快；神志不清，步态不稳；口吐白沫，流涎，呕吐；结膜充血或发绀，瞳孔初散大后缩小。病重者倒地不起，四肢做游泳状划动。如不及时治疗，重者在数小时内死亡。典型临床表现见图2-16-1~图2-16-3。

图 2-16-1　猪中暑，皮肤潮红　　　　图 2-16-2　夏季车辆运猪，猪中暑

图 2-16-3　夏季饲养密度大、阳光直射易导致猪中暑

【病理剖检变化】　剖解见鼻内流出血样泡沫，肺脏水肿，脑部高度充血或水肿。

【鉴别诊断】　见表 2-15。

表 2-15　与猪中暑的鉴别诊断

病　名	症　状
脑膜炎	发病之初表现兴奋，无休止盲目行走或转圈，磨牙，嘶叫。缺乏太阳直射或闷热环境也可发病，体温较低，眼结膜、皮肤不发紫
脑震荡	多因打击、冲撞头部而发病，体温不高，发作时卧地四肢划动，之后能正常走动，且反复发作。黏膜、皮肤无异常，发病与炎热无关
食盐中毒	饲料中盐度过高或用一些酱渣、潲水等喂食后发病。渴欲增强、尿少或无尿，空嚼流涎，间或呕吐，兴奋时盲目前冲，有的角弓反张、抽搐震颤，有时昏迷，有的癫痫发作

【预防措施】　炎热季节给猪供应充足饮水，栏内猪群密度不宜过大，保证栏舍通风良好，常用冷水喷洒地面，但不宜大量冷水直喷猪体；夏季运输时注意通风，不要过于拥挤，防止日光直晒，途中定时给猪喷淋凉水。

【治疗措施】　原则是促进降温，减轻心肺负荷，纠正水盐代谢和酸碱平衡紊乱。先将猪只转移至通风阴凉处，用冷水喷洒猪体，给予清凉淡盐水饮服或反复灌肠；耳尖、尾尖剪毛消毒后大猪放血 100～300mL。然后根据症状对症治疗。

（1）补液　静脉注射 5% 葡萄糖盐水 200～500mL、维生素 C 10～20mL。

（2）降温　肌内注射安乃近 10～20mL。

（3）镇静　狂暴不安者，肌内注射 2.5% 氯丙嗪 2～4mL。

（4）强心　心衰昏迷者，肌内注射 10% 安钠咖 5～10mL 或 10% 樟脑磺酸钠 10mL。

十七、其他咳喘类疾病

◆ 猪　瘟

详见第一章中"一、猪瘟"内容。

◆ 猪伪狂犬病

详见第一章中"二、猪伪狂犬病"内容。

第三章

呕吐类疾病

🖙 一、食盐中毒 🖙

食盐中毒（commonsale poisoning）是由于采食过多的食盐或饲养不当、饮水缺乏，引起猪以突出的神经症状和消化功能紊乱为临床特征的中毒性疾病。

【流行病学】　主要由于猪采食了含食盐过多的食物或饲料中添加食盐过多且混合不均而引发本病。此外，投服过量的乳酸钠、碳酸钠和硫酸钠等钠盐也会引起发病。

【临床表现】　病初主要表现食欲减退或废绝，精神沉郁，口渴和皮肤瘙痒等。随后出现呕吐和明显的神经症状，表现兴奋不安、口吐白沫、四肢痉挛、刺激无反应等症状。重症者出现癫痫样痉挛、角弓反张、四肢做游泳状划动、呼吸困难、昏迷死亡。典型临床表现见图 3-1-1 和图 3-1-2。

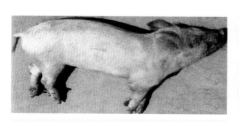

图 3-1-1　中毒猪侧卧地上，
头颈后仰，颈部皮肤有红斑，
肘头水肿（王春璇）

图 3-1-2　中毒猪皮肤
出血（王春璇）

【病理剖检变化】　可见肠系膜淋巴结充血、出血，心内膜有小的出血点，实质器官充血、出血，肝脏肿大、易碎，胃肠黏膜充血、出血，脑脊髓各部位有不同的充血、水肿。典型剖检变化见图 3-1-3 ~ 图 3-1-5。

图 3-1-3　中毒死亡猪的胃
黏膜弥漫性出血（王春璈）

图 3-1-4　中毒死亡猪小肠黏膜
弥漫性出血（王春璈）

图 3-1-5　中毒死亡猪的盲肠黏膜
弥漫性出血、溃疡（王春璈）

【鉴别诊断】　见表 3-1。

表 3-1　与食盐中毒的鉴别诊断

病　　名	症　　状
猪伪狂犬病	表现打喷嚏、咳嗽、便秘、流涎、呕吐、肌肉痉挛、共济失调等症状。妊娠母猪出现胎儿吸收、木乃伊胎、死胎、流产
猪日本乙型脑炎	不发生神经兴奋，母猪流产，公猪睾丸炎

（续）

病　名	症　状
猪链球菌病	常出现多发性关节炎症状，关节肿大。剖检有大量黏液
猪霉菌毒素中毒	有长期或错误的用药史，猪持续性腹泻或便秘，群发性

【预防措施】　限制含食盐残渣废水的饲喂量，并与其他饲料合理搭配饲喂。提供足够的饮水，避免体内钠和氯离子含量过多。

【治疗措施】　治疗时要促进食盐排出，恢复体液阳离子平衡。

1）可用硫酸铜催吐或油类泻剂，使过量食盐吐出或泻下。

2）发病猪用 20% 甘露醇 100mL、25% 硫酸镁混合液静脉注射；或用 20% 甘露醇每千克体重 5mL、25% 硫酸镁每千克体重 0.5mL，一次静脉注射。

二、胃溃疡

胃溃疡（gastric ulcers）是由急性消化不良与胃出血引起的胃黏膜局部组织糜烂、坏死或自体消化，形成圆形溃疡面，甚至胃穿孔，多伴发急性弥漫性腹膜炎而迅速死亡，或呈慢性消化不良。

【流行病学】

（1）饲料因素　饲料粗硬不易消化；饲料中缺乏足够的纤维；饲料粉碎得太细；在谷类日粮中不适当混合大量有刺激性的矿物质合剂；饲料中缺乏维生素 E、维生素 B_1、硒等；劣质饲料或饲料霉变。

（2）环境应激及饲养管理因素　噪声、恐惧、闷热、疼痛、妊娠、分娩、过多打扰猪（如经常转群、称重）；猪舍狭窄、活动范围长期受限制；猪舍通风不良、环境卫生不佳；饲喂无规律，更换饲料等。

（3）疾病因素　常继发于一些慢性消耗性传染病、慢性猪丹毒、蛔虫感染、铜中毒、霉菌感染（特别是白色念珠菌感染）；常见于维生素 E 缺乏、肝脏营养不良的猪；常见于体质衰弱，胃酸过多的猪。

【临床表现】　胃溃疡发生于各种年龄的猪，可见呕吐、排黑粪，皮肤、黏膜苍白等症状。

（1）隐性型　隐性胃溃疡猪与健康猪无异，无明显症状，生长速度和饲料转化率几乎不受影响。在屠宰后才被发现。

（2）急性型　由于溃疡部大出血，病猪可突然死亡；也有的病猪突然吐血、排煤焦油样血便、体温下降、呼吸急促、腹痛不安、体表和黏膜苍白，终因虚脱而死亡。当病猪因胃穿孔引起腹膜炎时，一般在症状出现后1~2天内死亡。

（3）慢性型 食欲降低或不食，病猪体表和可视黏膜明显苍白，时有吐血或呕吐时带血，弓背或伏卧，因虚弱而喜躺卧，渐进性消瘦，多排黑便。开始时便秘，后变为煤焦油样粪便，少数病例有慢性腹膜炎。典型临床表现见图3-2-1和图3-2-2。

图3-2-1 后备母猪病情严重时表现
消瘦、苍白，采食时经常呕吐
（林太明等）

图3-2-2 经常磨牙，口吐白沫，
拱栏（林太明等）

【病理剖检变化】

（1）最急性型 剖检可见广泛性胃内出血，胃膨大，充满血块和未凝固血块与纤维素性渗出物的混合物。

（2）急性型、亚急性型和慢性型 见图3-2-3~图3-2-6。

图3-2-3 浅表性胃溃疡：
胃黏膜糜烂与溃疡

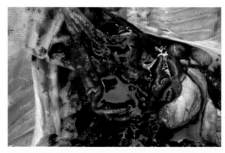

图3-2-4 胃溃疡出血，胃内
有大量凝血块

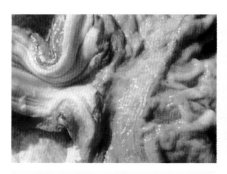

图 3-2-5 胃贲门无腺区大片溃疡
病灶、食道黏膜增厚、食道和
贲门连接处溃疡（孙锡斌等）

图 3-2-6 胃黏膜出血、溃疡，
胃溃疡穿孔破裂

【鉴别诊断】 见表 3-2。

表 3-2 与胃溃疡的鉴别诊断

病　名	症　状
猪附红细胞体病	体温升高，可视黏膜充血、苍白、黄疸，血液稀薄。剖检可见皮下脂肪黄染，脏器贫血严重
猪胃线虫病	精神委顿，食欲较好，粪中有虫卵。剖检可见胃底有圆形结节
胃肠卡他	精神委顿，食欲减退，饮后又吐，粪干，眼结膜黄染，口臭，不出现腹痛、黑粪、贫血等现象。剖检胃无溃疡

【预防措施】 针对发病原因采取相应措施：

1）避免饲料粉碎得太细，饲料颗粒度宜在 0.5mm 以上，或者筛网在 60 目（孔径约为 0.3mm）以下。

2）减少日粮中玉米数量，饲喂粉料而不是颗粒饲料。

3）饲料中加入草粉或燕麦壳等使日粮中粗纤维量达到 7%。

4）保证饲料中维生素 E、维生素 B_1、硒的含量。

5）用铜作为促生长剂时，饲料中同时加 0.011% 碳酸锌作为抗铜致溃疡添加剂。

6）0.1% ~0.2% 聚丙烯酸钠混饲，以改变饲料的物理状态，使之能在胃内停留时间正常。

7）避免应激状态，减少频繁的转群、运输、驱赶，防止猪相互撕咬。

8）保持猪舍冬暖夏凉，加强通风、饲养密度适宜，猪舍要留有足够的空间便于猪的自由活动。

【治疗措施】　治疗原则是消除发病因素、中和胃酸、保护胃黏膜。症状较轻的病猪，应保持环境安静，减轻应激反应。

1）选择性注射镇静药，如盐酸氯丙嗪，每次每千克体重1~3mg。

2）中和胃酸，防止胃黏膜受侵害，可用氢氧化铝硅酸镁或氧化镁等抗酸剂，或在仔猪日粮中添加0.5%的小苏打（碳酸氢钠），使胃内容物的酸度下降。

3）保护溃疡面，防止出血，促进愈合，可于饲喂前半小时投服碱式硝酸铋5~10g，每天3次，连用2天；也可口服鞣酸蛋白，每次2~5g，每天2~3次，连用5~7天。

4）此外，为维持食糜的正常排空，可用聚丙烯酸钠每天5~20g溶于水中饮服；或以0.5%~5%的比例混于饲料中饲服，连用5~7天。

5）如果病猪极度贫血，证实为胃穿孔或弥漫性腹膜炎，则失去治疗价值，宜早淘汰。

三、亚硝酸盐中毒

亚硝酸盐中毒（nitrite poisoning）是由于过量食入或饮入含有硝酸盐或亚硝酸盐的饲料和饮水造成高铁血红蛋白血症，导致动物机体组织缺氧而引起的中毒。

【流行病学】　本病常于猪吃饱后不久发生，故俗称"饱食瘟"。白菜、萝卜缨、菠菜、甜菜叶、南瓜藤、苋菜等，都含有很多硝酸盐，如果在蒸煮这些青饲料时，没煮开、煮透或是煮后闷在锅内过夜，或在煮时没揭开锅盖且未及时加以搅拌，使饲料较长时间保持在高温、缺氧环境中时，饲料中所含的硝酸盐转变为有剧毒的亚硝酸盐，猪食用之后便会引起中毒。

【临床表现】　中毒的猪常在采食后15min至数小时内发病，多表现为精神不安，呼吸困难，腹痛、呕吐，呼吸急促，步态不稳，有时转圈，较严重的猪跌倒后不能起立，挣扎鸣叫。体温一般正常或稍低，耳根发凉，全身皮肤黏膜和皮肤初为灰白色，后变为青紫色。发病前猪的精神良好，食欲正常。吃得越多的猪发病越重，往往来不及治疗即昏迷死亡。典型临床表现见图3-3-1~图3-3-4。

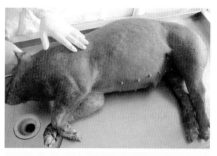

图 3-3-1　突然死亡猪皮肤呈
紫红色，腹部鼓胀

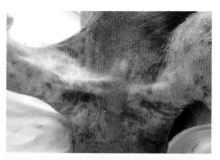

图 3-3-2　猪突然死亡，胸骨处
皮肤有紫癜

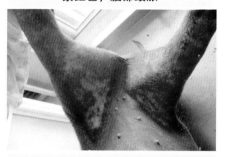

图 3-3-3　病死猪腹股沟及腹部
皮肤呈紫红色

图 3-3-4　病死猪耳部皮肤
呈紫红色

【病理剖检变化】　中毒严重、抢救无效死亡的病猪，腹部膨大，皮肤呈青白色，口腔黏膜、眼结膜呈蓝紫色；剖检时可见血液呈酱油样，凝固不良，长期暴露在空气中亦不变色；肠系膜静脉充血；肺脏充血、出血、水肿；心外膜点状出血，心腔内充满暗红色血液；肾脏瘀血；胃黏膜充血、出血，黏膜易剥落，胃内容物有硝酸样气味。典型剖检变化见图 3-3-5 ～ 图 3-3-11。

图 3-3-5　心肌出血

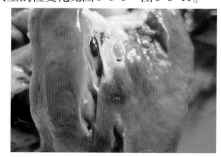

图 3-3-6　心肌内膜出血

图 3-3-7 脾脏肿大,呈紫黑色

图 3-3-8 肾脏呈"花斑状"

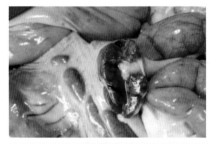

图 3-3-9 肠系膜淋巴结肿胀、出血

图 3-3-10 胃底黏膜潮红

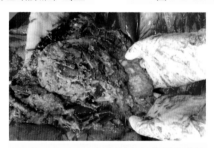

图 3-3-11 胃内容物残留青贮饲料

【鉴别诊断】 见表3-3。

表 3-3 与亚硝酸盐中毒的鉴别诊断

病 名	症 状
氢氰酸中毒	以发病快、张口伸颈、瞳孔散大、流涎、黏膜鲜红、呼出气有苦杏仁味、兴奋等为特征。血液呈鲜红色,凝固不良,胃内容物有苦杏仁味
炭疽	脾脏显著肿大,皮下以及浆膜下结缔组织有出血性胶样浸润,血液凝固不全,呈煤焦油样,并引起败血症症状
药物中毒	采食量下降,呕吐,高热,严重者黄疸。剖检见肝脏肿大变性,肾脏充血或萎缩,有长期用药史

【预防措施】　亚硝酸盐中毒，因其发病急、病程短，不容易及时发现进行救治。因此，对该病应采取防重于治、防治结合的措施。

1）改变饲喂方式：在饲喂时应改传统熟喂为生喂，既可节能省力，减少营养损失，又能减少调制不当使亚硝酸盐大量形成的环境。如确需煮熟饲喂，应加足火力，敞开锅盖使其迅速煮熟。

2）在煮青绿饲料时，加入少量食醋，既可以杀菌，又能分解亚硝酸盐。

3）青绿饲料在储存过程中应摊开存放，不要堆集、日晒、雨淋，且储存时间越短越好，一旦发现发黄腐烂变质，则应废弃。

4）临近收割的青绿饲料，不再施用硝酸盐、氮肥和农药，以避免增高饲料中硝酸盐和亚硝酸盐的含量。

【治疗措施】

(1) 放血　中毒严重的猪，尽快用剪刀剪耳尖、尾尖放血进行抢救，放血量为每千克体重1mL。放血后尽快使用药物进行治疗。

(2) 药物治疗　诊断为亚硝酸盐中毒后应及时用1%美蓝溶液进行静脉注射，每千克体重用量为1～2mg。或者静脉注射疗效更快更好的5%甲苯胺蓝溶液，用量为每千克体重5mg（也可肌内注射和腹腔注射）。如同时配合静脉注射10%维生素C注射液每千克体重10～20mg，10%～25%葡萄糖注射液每头每次300～500mL，则疗效更佳。如出现呼吸困难，心脏衰弱症状，可每头每次肌内注射10%安钠咖5～10mL。

⚠注意：亚甲蓝是一种氧化还原剂，在低浓度小剂量时是亚硝酸盐的特效解毒药，在高浓度大剂量使用时，使氧合血红蛋白变性为血红蛋白，反而会使病情进一步恶化，因而应严格按照说明剂量使用。在没有亚甲蓝、甲苯胺蓝时，可就地取材，用纯蓝墨水对患猪做分点肌内注射，也可在颈部皮下或腹腔1次注射，注射量为大猪每头每次20mL，架子猪每头每次10mL，仔猪每头每次5mL。同时，配合静脉注射10%维生素C每千克体重10～20mg，10%～25%葡萄糖注射液每头每次300～500mL。

灌服0.05%～0.1%高锰酸钾溶液每头每次500～1000mL，以破坏胃内尚未吸收的亚硝酸盐。

(3) 对症治疗　对呼吸困难、喘息不止的病猪可注射山梗菜碱、尼可杀米等呼吸兴奋剂；对心脏衰弱者可注射0.1%盐酸肾上腺素溶液

0.2～0.6mL，或注射10%安钠咖以强心；对严重溶血者，放血后输液并口服或静脉滴注肾上腺皮质激素，同时内服碳酸氢钠等药物，使尿液碱化，以防血红蛋白在肾小管内凝集。

四、铜中毒

铜中毒（copper poisoning）是由于摄入铜过多，或因肝细胞损伤，铜在肝脏等组织内大量蓄积引起的急性或慢性疾病。各种畜禽均可发生，死亡率接近100%。

【流行病学】 急性铜中毒通常由于以下几个原因：内服超量的硫酸铜；误食了以铜盐为原料的杀虫剂、防腐剂等；采食了含铜杀菌剂污染的植物；含铜饲料添加剂搅拌不均匀，而采食过多。

慢性铜中毒多见于长期在高铜地区放养，如被冶炼厂的烟尘污染的草原，以及在被腐蚀的高压电缆下放牧等情况。

【临床表现】

（1）急性铜中毒 多发生于采食后数小时至一两天内。病猪表现严重的胃肠炎，呕吐、拒食、流涎，有渴感；腹痛、腹泻，粪便呈青绿色或蓝色、混有黏液或血液。在严重休克时体温下降，心跳加快，继而虚脱，一般在24～48h内死亡。

（2）慢性铜中毒 病猪表现精神沉郁，厌食，呼吸迫促甚至困难；黏膜苍白、黄染；尿呈红茶样而带黑色；皮肤发痒，有丘疹，耳边缘发绀。

【病理剖检变化】 急性表现为胃肠炎症状，慢性为全身黄染。肾脏高度肿大，呈暗棕色，常有出血点。肝脏显著肿大，质脆黄染。胆囊扩张，胆汁浓稠。脾脏肿大、质脆，呈棕色至黑色。胃底黏膜充血、出血，小肠有卡他性炎症。典型剖检变化见图3-4-1～图3-4-4。

图3-4-1　肝脏肿大、质脆、黄染

图3-4-2　肝脏严重变性、色黄、质脆

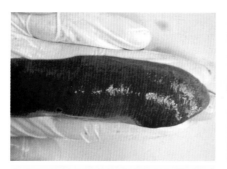

图 3-4-3　脾脏肿大、质脆，呈棕色

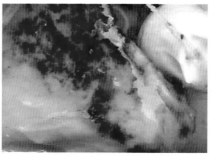

图 3-4-4　胃底出血、溃疡

【鉴别诊断】　见表 3-4。

表 3-4　与铜中毒的鉴别诊断

病　　名	症　　状
食盐中毒	口腔黏膜潮红，磨牙、流涎，视觉和听觉出现障碍，盲目徘徊
猪钩端螺旋体病	多发于断奶前后的仔猪。眼结膜潮红，浮肿，皮肤发红瘙痒，有的下颌、颈部出现水肿，粪便有时干有时稀、不呈绿色或蓝色

【预防措施】　加强饲养管理，严格按规定为饲料添加铜制剂，防止硫酸铜喷雾时污染草料，严格控制药用铜制剂的用量，混合铜饲料添加剂时必须混合均匀、控制喂量。

【治疗措施】　治疗原则是防止吸收，促进排泄和维护全身机能。内服盐类泻剂，人工盐 30~60g；可静脉注射硫钼酸钠，每千克体重 0.5mg，稀释为 100mL，3h 后根据病情再注射一次；或肌内注射 10%~20% 硫代硫酸钠溶液，每 50 千克体重用 10mL，每天 1 次；或茵陈甘草汤 50g 口服，每天一次。

五、其他呕吐类疾病

◆ 猪霉菌毒素中毒

详见第一章中"十七、猪霉菌毒素中毒"内容。

◆ 猪　瘟

详见第一章中"一、猪瘟"内容。

◆ 猪伪狂犬病

详见第一章中"二、猪伪狂犬病"内容。

◆ 猪传染性胃肠炎

详见第一章中"三、猪传染性胃肠炎"内容。

◆ 猪流行性腹泻

详见第一章中"四、猪流行性腹泻"内容。

◆ 猪轮状病毒病

详见第一章中"五、猪轮状病毒病"内容。

◆ 猪肠便秘

详见第一章中"二十、猪肠便秘"内容。

◆ 猪蛔虫病

详见第一章中"十二、猪蛔虫病"内容。

第四章

神经症状、运动障碍类疾病

🖐 一、猪日本乙型脑炎 🖐

猪日本乙型脑炎（swine Japanese encephalitis B，JE）是由日本乙型脑炎病毒引起的一种人兽共患的蚊媒传染病，被世界卫生组织认为是需要重点控制的传染病。

【流行病学】　本病可感染多种动物和人类，感染后的动物和人类都可成为该病的传染源。日本乙型脑炎病毒必须依靠蚊作为媒介，通过蚊的叮咬进行传播，因此表现出较严格的季节性，蚊活动频繁的七八月份是本病的发生高峰。目前本病多为隐性感染和呈散发性。

【临床表现】　母猪和妊娠母猪感染后，体温突然升高，精神不振，食欲不佳，结膜潮红，粪便干燥，尿深黄色，有的病例后肢呈轻度麻痹，关节肿大，乱冲乱撞。妊娠母猪发生流产、产死胎、木乃伊胎或畸形胎，发育正常的胎儿在分娩过程中死亡或产后不久死亡。公猪发生睾丸炎。典型临床表现见图 4-1-1 ~ 图 4-1-7。

图 4-1-1　流产胎，猪皮下出血、水肿

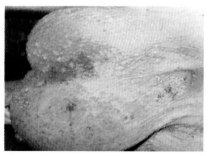

图 4-1-2　公猪右侧睾丸肿大、下坠（徐有生）

图 4-1-3 公猪睾丸萎缩、发硬，
性欲减退（徐有生）

图 4-1-5 流产死胎

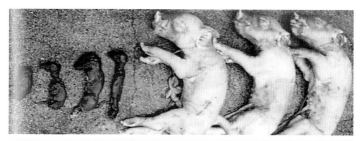

图 4-1-4 患病母猪产出死胎及木乃伊胎（徐有生）

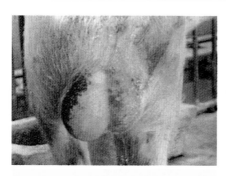

图 4-1-6 左侧睾丸肿大、阴囊
出血，皱襞消失，发亮，
有热感（徐有生）

图 4-1-7 公猪右侧睾丸
肿大（林太明等）

【病理剖检变化】 见图 4-1-8 ~ 图 4-1-14。

图 4-1-8　病猪流产胎儿（白挨泉等）

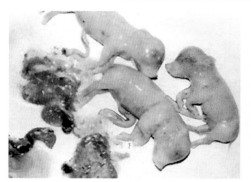

图 4-1-9　死胎、木乃伊胎，同
一窝死胎大小不一（白挨泉等）

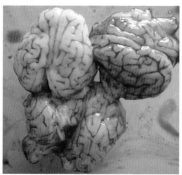

图 4-1-10　病猪脑回充血

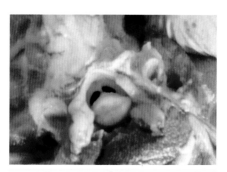

图 4-1-11　病猪脊髓水肿

图 4-1-12　流产胎，
猪睾丸水肿

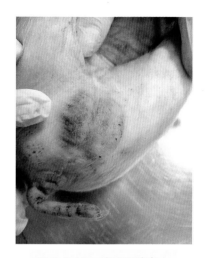

图 4-1-13 哺乳仔猪睾丸
单侧肿大、充血

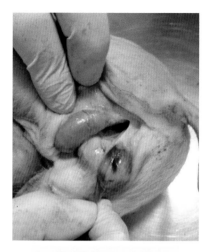

图 4-1-14 哺乳仔猪睾丸
肿大、出血

【鉴别诊断】 见表 4-1。

表 4-1 与猪日本乙型脑炎的鉴别诊断

病 名	症 状
猪繁殖与呼吸障碍综合征	母猪提前 2~8 天早产，在两个周期间流产。剖检可见全身淋巴结肿大、呈灰白色，肺脏轻度水肿、呈暗红色、有局灶性出血性肺炎灶。公猪无睾丸炎，仔猪无神经症状
猪细小病毒病	流产、死胎、木乃伊胎多发于初产母猪。剖检可见肝脏、脾脏、肾脏等脏器肿大、脆弱或萎缩发暗。不见公猪睾丸炎和仔猪神经症状
猪伪狂犬病	一年四季发生，厌食、口流白沫、惊厥、两耳后竖。剖检可见胎盘凝固性坏死，胎儿实质脏器凝固性坏死
猪传染性脑脊髓炎	3 周龄以上的猪很少发生。母猪不见流产，公猪无睾丸炎
猪布氏杆菌病	母猪流产多发生在第四周至第十二周。阴户流黏性或脓性分泌物。剖检子宫黏膜有黄色小结节，胎膜变厚、呈胶冻样，胎盘有大量出血点。仔猪无神经症状，公猪两侧睾丸肿大
猪链球菌病	出现败血症和多发性关节炎、脓肿等症状。用青霉素等抗生素治疗有效果

（续）

病　名	症　状
猪李氏杆菌病	多发生于仔猪，前肢运动障碍。剖检可见脑干特别是脑桥、延髓和脊髓变软，有小的化脓灶
猪衣原体病	呼吸急促，流黏性鼻液，排含有血液的稀粪。剖检可见肠、肺脏、肾脏、关节出现炎性水肿，脑无变化
猪钩端螺旋体病	皮肤发红，尿黄色、茶色或血尿。剖检可见胸腔、心包黄色积液，心内膜、肠系膜、膀胱出血
猪弓形虫病	病猪高热，耳翼、鼻端出现瘀血斑、结痂和坏死。剖检可见淋巴结肿大、出血，肺膈叶和心叶间质性水肿、内有半透明胶冻样物质、实质有白色坏死灶或出血点

【预防措施】　根据本病流行病学的特点，消灭蚊虫是消灭本病的根本措施；加强饲养管理，做好猪舍的环境卫生，减少蚊子滋生，定期灭蚊等是控制本病的重要措施。此外，要对疫情进行监测，对圈舍定期驱虫、灭鼠、消毒。

1）蚊虫季节来临前采用免疫接种来控制本病的发生。

2）阅读猪日本乙型脑炎活疫苗使用说明书，按瓶签注明的头份，加入专用稀释液，待完全溶解后，仔猪、母猪、公猪均肌内注射1头份。

3）推荐免疫程序：种用公、母猪于配种前（6~7月龄），或每年蚊虫出现前20~30天肌内注射1头份，热带地区每半年接种一次。

【治疗措施】　对于患病猪（成年种猪），治疗方案如下：

1）采用复方氨基比林注射液10mL＋头孢菌素3~4g＋地塞米松磷酸钠4mL，混合肌内注射，之后补注磺胺嘧啶钠10mL，每天1次，连用3~5天。

2）康复猪血清40mL＋10%磺胺嘧啶钠注射液10mL，分多点部位注射。出现脑水肿病猪，采用20%甘露醇每千克体重1~1.5g，静脉注射。

二、仔猪先天性震颤

仔猪先天性震颤（congenital tremor of piglets）原认为是猪圆环病毒病引起的一种传染病中的一个类型，现证实该病是由于仔猪先天性震颤瘟病毒导致。该病毒来自"瘟病毒科"，易感幼龄仔猪，是仔猪出生后不久表现为全身性或局部性阵发性痉挛的一种疾病，俗称"抖抖病"或"跳跳病"。临床上有的全窝发生，有的部分发生，以新生乳猪出现有节奏的震颤为特征。

【流行病学】 本病只从母猪垂直传给仔猪，仔猪之间不存在水平传播，轻者经数小时或数日自愈，重者病程可持续数周，若 4 ~ 5 天不死，并能吃到母乳的仔猪，一般预后良好。出生后第一周，震颤严重的可因吮乳困难而死亡。

【临床表现】 新生仔猪出生后仅几个小时，即发生震颤，有的全窝猪发生，有的部分发生，有的仔猪全身一致有节奏的震颤，无法站立，被迫躺卧，躺地后震颤减轻或停止，再站立又出现症状。有的仔猪全身震颤程度不同，或头部、颈部强烈震颤，不能准确吃奶，或后躯震颤不能站立，病情轻者虽然全身震颤，但仍可运动。典型临床表现见图 4-2-1 ~图 4-2-4。

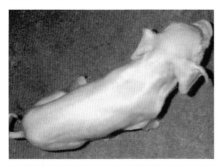

图 4-2-1　刚出生仔猪全身不停地抖动

图 4-2-2　全窝仔猪出现不停抖动，吸乳困难，成活率低

图 4-2-3　全身肌肉痉挛，姿势异常

图 4-2-4　仔猪颤抖，走路姿势异常

【病理剖检变化】　　暂未发现有特征的病理剖检变化。多见胃肠空虚，肠系膜和心耳充血，左心房有凝血；肺的心叶、中间叶、膈叶有轻度充血、斑点；胆囊肿大，胆汁呈糊状、墨绿色。

【鉴别诊断】　　见表4-2。

表4-2　与仔猪先天性震颤的鉴别诊断

病　名	症　状
猪伪狂犬病	体温高（41～41.5℃），两耳后竖，闻声兴奋，眼睑、口角水肿，后驱运动障碍，呼吸困难，呕吐，下痢。腹部或全身有青紫色。剖检可见鼻腔、咽喉、扁桃体炎性肿胀浸润，肝脏、肾脏出现周围红色晕圈，中央有黄白色或灰白色坏死灶
猪传染性脑脊髓炎	四肢僵硬，肌肉、眼球震颤，呕吐。剖检可见脑膜水肿、血管充血
猪血凝性脑脊髓炎	多见于2周龄以下的哺乳仔猪，呕吐、便秘。剖检仅见脑脊髓发炎、水肿
猪水肿病	主要发生于断奶前后的仔猪，眼睑、头部皮下水肿。剖检可见胃壁水肿、增厚，肠黏膜水肿
猪低血糖症	皮肤、黏膜发冷苍白，心跳慢而弱；后期角弓反张，游泳动作；血糖低

【预防措施】

1）加强对母猪的护理，注意营养的配合，分娩或分娩后，注意防寒保暖，避免外界不良因素的刺激，尽量让仔猪吃母乳，吃不到母乳的仔猪可进行人工哺乳，及时淘汰与病仔母猪配种的公猪。

2）加强猪群的福利，减少猪群应激因素的发生，仔猪的各个养殖生产阶段实行全进全出，实施严格的生物安全措施，将消毒卫生工作贯穿于各个养猪生产环节中。发现患病仔猪应根据猪耳号追溯母猪与种公猪并进行检测，对疑似带有该病毒的种猪隔离观察或者淘汰。

【治疗措施】　　目前尚无好的治疗方法。药物预防主要控制并发和继发感染，可用25%硫酸镁1～2mL皮下注射，对缓解肌肉痉挛有一定的效果。发现可疑病猪应及时隔离，并加强消毒，切断传播途径，杜绝疫情传播。补充特异性免疫增强剂或干扰素提升免疫力而增强仔猪抵抗力。

三、口 蹄 疫

口蹄疫（foot and mouth disease，FMD）是由口蹄疫病毒（FMDV）引起的偶蹄动物的一种急性、热性、高度接触性传染病。其特征是病猪的口腔黏膜、鼻吻部、乳房、蹄冠、趾间、蹄踵皮肤发生水疱和烂斑。

【流行病学】 本病主要感染偶蹄动物。一年四季都可发生，但以冬、春、秋季，气候比较寒冷时多发。病猪和带毒猪是该病的主要传染源。本病一般呈良性经过，大猪很少死亡，仔猪通常呈急性肠炎和心肌炎突然死亡，病死率可达60%～80%。

【临床表现】 潜伏期24-96h，病猪感染初期体温升高至40～41℃，食欲减少，精神不振。相继在蹄冠、蹄踵、蹄叉、口腔的唇、齿龈、舌面、口、乳头、鼻镜等部位出现大小不等的水疱和溃疡。典型临床表现见图4-3-1～图4-3-9。

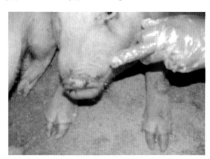

图4-3-1 病猪上、下唇上的烂疱

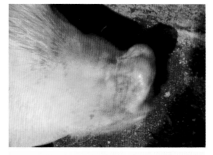

图4-3-2 病猪吻突上的水疱和烂斑

图4-3-3 病猪水疱破裂、
结痂（白挨泉等）

图4-3-4 猪蹄冠上的条形
水疱（徐有生）

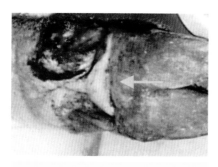

图4-3-5 病猪悬蹄间皮肤的"⊥"形水疱（徐有生）

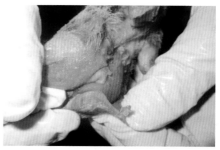

图4-3-6 病猪前肢蹄后部破溃，出现红色烂斑，蹄甲脱落

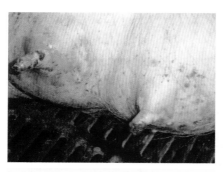

图4-3-7 乳房皮肤水疱破溃、糜烂（林太明等）

图4-3-8 患病生长猪蹄甲脱落，蹄踵部破溃

图4-3-9 病猪蹄甲破溃

【病理剖检变化】 病死猪尸体消瘦，鼻镜、唇内黏膜、齿龈舌面上发生大小不一的圆形水疱疹和糜烂病灶，个别猪局部有脓样渗出物。重

症的猪可见虎斑心、心肌扩张、色浅、质变柔软，弹性下降，出现红白相间的条纹状变性坏死灶。典型剖检变化见图 4-3-10 ~ 图 4-3-14。

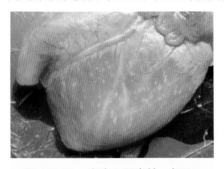

图 4-3-10　病猪心肌变性、坏死、
心外膜下出现浅黄色斑纹

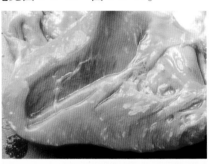

图 4-3-11　虎斑心 1

图 4-3-12　心外膜下出现浅黄色斑
纹、变性、坏死

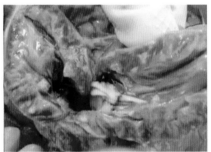

图 4-3-13　虎斑心 2

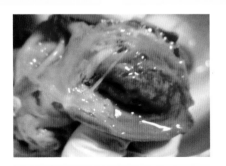

图 4-3-14　内膜出血、变性

【鉴别诊断】 见表4-3。

表4-3 与口蹄疫的鉴别诊断

病　名	症　状
猪水疱病	水疱从蹄与皮肤交界处发生，然后口腔有小水疱，舌面很少发生。剖检无明显病变
猪水疱性口炎	夏季多发，多为散发。蹄部水疱少甚至没有
猪水疱性疹	地方性流行或散发。有时在腕前、跗前皮肤出现较大水疱。用口蹄疫血清不能保护
猪痘	多发于春、秋潮湿季节。主要发生在躯干、下腹部和股内侧，先丘疹后转为水疱、表面平整、中央稍凹呈脐状、蹄部水疱少见。剖检可见咽、气管等黏膜出现卡他性或出血性炎症

【预防措施】 发生该病应立即上报政府相关部门，封锁疫区，现场消毒，加强生物安全措施。依据疫情波及范围实施扑杀措施，扑杀发病猪群的目的是消除病毒的传染源，其次是隐性感染动物和牛、羊、鹿等持续性感染带毒动物的检测，掌控疫情的动态。

1）猪口蹄疫预防接种可用灭活苗，接种疫苗前应注意先测定发生口蹄疫的疫型，制定合理的免疫程序进行免疫接种。杜绝外界口蹄疫病毒传入，严格执行隔离与消毒措施，确保猪场的生物安全。正常条件下的猪口蹄疫疫苗免疫程序：种猪（种公猪、种母猪、后备公猪、后备母猪），每年接种高效价疫苗 3～4 次，每次间隔 3～4 个月，每头耳后肌内注射 3mL。断奶仔猪，断奶后 10～15 天首免，每头肌内注射 2mL，3～4 周后加强免疫一次，冬、春季节可进行三免，保护率更佳。

2）在猪场发生疫情或周边区域环境出现口蹄疫病毒威胁猪场安全的情况下，对未进行疫苗免疫的猪场或猪群，应采取紧急免疫接种，先接种健康猪群，后接种疑似感染猪群。各年龄段猪群紧急接种口蹄疫高效价疫苗，25kg 体重以上猪只，每头猪耳后肌内注射 3mL；25kg 体重以下猪只，每头猪耳后肌内注射 2mL。第一次接种后间隔 15～20 天，各年龄段猪群加强免疫一次，每头接种剂量与第一次相同或增加 1mL。

3）防止疫苗的过敏反应。疫苗接种前给予猪群分别饮用氨基酸多维电解质和可溶性维生素 C，然后再接种。当猪出现全身性反应时，及时抗菌消炎解热镇痛，如安乃近＋氨苄西林钠，或庆大霉素＋林可霉素＋安乃近注射液肌内注射，每天一次，连用 3 天。对于 90 多天妊娠母猪防止疫苗应激性流产可肌内注射黄体酮。应激反应剧烈猪只，可肌内注射0.1%盐酸肾上腺素或地塞米松磷酸钠等后再对症治疗。

【治疗措施】 及时封闭猪场，进行全场无死角消毒处理。对患病猪多采用对症疗法，控制继发感染。

1）加强饲养管理和病猪的护理，做好病猪的隔离、消毒，及时抗菌消炎，防止继发感染。严禁人员自由流动。配制加抗菌药物的流食或营养液给发病猪大量饮用；氨基酸多维电解质＋2.5%葡萄糖＋安乃近＋氨苄西林钠，或盐酸大观霉素林可霉素可溶性粉＋2.5%葡萄糖＋多维电解质，猪群全天饮用或每天早、中、晚三次，连用3～5天。患病猪个体治疗，先肌内注射0.1%盐酸肾上腺素2～5mg，或地塞米松磷酸钠4～12mg，然后再肌内注射头孢噻呋钠每千克体重10mg＋30%安乃近5～10mL，或肌内注射长效土霉素每千克体重20mg，两天1次。连用3～5天。

2）外伤局部处理：口腔可用食醋或0.1%高锰酸钾溶液冲洗，糜烂面上可涂以1%～2%明矾或碘酊甘油。蹄部可用来苏尔或10%聚维酮碘溶液清洗，之后可涂布草木灰或紫药水，也可涂擦碘酊甘油。

四、猪水疱病

猪水疱病（swine vesicular disease，SVD）是由猪水疱病病毒引起的一种急性、热性、接触性传染病。

【流行病学】 本病可感染各种年龄、品种的猪，一年四季均可发生，猪群高度密集、调运频繁的猪场传播较快。发病猪是主要的传染源，健康猪与病猪同居24～45h，病毒即可经破损的皮肤、消化道、呼吸道侵入猪体。本病主要通过接触而感染，被病毒污染的饲料、垫草、运动场、用具及饲养员等往往造成本病的传播。

【临床表现】

（1）典型水疱病 特征性水疱常见于主趾和附趾的蹄冠上。病猪体温升高至40～42℃，上皮苍白肿胀。严重者用膝部爬行，食欲减退，精神沉郁。出现神经系统紊乱症状的主要表现为前冲、转圈、用鼻摩擦或用牙齿咬用具，眼球转动，个别出现强直性痉挛。典型临床表现见图4-4-1和图4-4-2。

（2）轻型水疱病 只在蹄部发生一两个水疱，症状轻微，恢复很快。

（3）隐性型水疱病 不表现任何症状，但可能排毒，对易感猪有很大的威胁性。

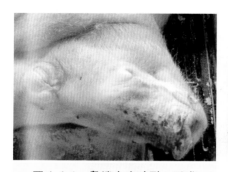

图4-4-1　鼻端水疱破裂、形成　　　　　图4-4-2　蹄部皮肤形成水疱、
　　　　　溃疡（白挨泉等）　　　　　　　　　　　　溃疡（白挨泉等）

【鉴别诊断】　见表4-4。

表4-4　与猪水疱病的鉴别诊断

病　名	症　状
猪口蹄疫	多发于冬、春、秋寒冷季节。口、鼻、舌出现普遍性水疱。剖检可见鼻镜、唇内黏膜，齿龈舌面上发生大小不一的圆形水疱疹和糜烂病灶，心肌切面有灰白色或浅黄色斑或条纹，称"虎斑心"
猪水疱性口炎	多发于夏、秋季节。先在口腔发生水疱，随后蹄冠和趾发生少数水疱
猪水疱性疹	地方性流行或散发。有时在腕前、蹠前皮肤出现较大水疱。用口蹄疫血清不能保护
猪痘	多发于春、秋潮湿季节。主要发生在躯干、下腹部和股内侧，先丘疹后转为水疱，表面平整、中央稍凹呈脐状，蹄部水疱少见。剖检可见咽、气管等黏膜出现卡他性或出血性炎症

【防治措施】　控制本病的重要措施是防止将病毒带入非疫区，不从疫区调入猪只和猪肉产品；加强检疫、隔离和封锁制度；做好免疫预防工作；对猪舍、运猪和饲料的交通工具和饲养用具要经常进行消毒。

　　具体预防措施和治疗措施参考"猪口蹄"相应内容。

五、猪鼻支原体与滑液支原体病

　　猪鼻支原体（mycoplasma hyorhinis）是鼻腔和扁桃体中的常在菌，一般不致病。然而猪鼻支原体很容易沉降至肺脏，因此被认为是肺炎的病原之一。猪鼻支原体可导致多发性浆膜炎和关节炎。

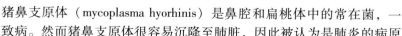

猪滑液支原体（mycoplasma hyosynoviae）是感染猪非化脓性关节炎的一种病原体，可造成高感染率、高发病率，给生产带来较大经济损失。但此类型支原体感染较其他支原体感染稍晚出现。

【流行病学】　猪鼻支原体病多发于3～5周龄仔猪，普遍存在于病猪的鼻腔、气管和支气管分泌物中，常由感染的母猪通过飞沫或直接接触传给哺乳仔猪，10%左右母猪的鼻腔和鼻窦分泌物中有该菌，大约能从40%断奶仔猪的鼻腔分泌物中分离本病原。

猪滑液支原体的鼻、咽感染首先在少数几头4～8周龄的猪发生，同圈猪之间是否发生传染尚未进行彻底研究。然而，某些畜群的大部分猪到12周龄时都已经历了鼻部和咽部感染。扩散速度与群体密度及环境因素有关。

【临床表现】　猪鼻支原体感染后，病猪在被骚扰时出现过度伸展动作，常出现关节炎、跗关节、膝关节、腕关节和肩关节最常发生。急性期症状为被毛粗乱，中度发热，精神沉郁，食欲不振，行走困难，腹部触痛，跛行及关节肿胀。腹痛及喉部发病时表现身体蜷曲，呼吸困难，运动极度紧张及胸部斜卧等。一般发病10～14天后症状减轻，主要临床症状为跛行及关节肿胀。

图 4-5-1　**猪运动障碍**

猪滑液支原体关节炎是一种单纯的非化脓性关节炎。病猪突然出现一肢或四肢跛行，膝关节肿胀、疼痛，体温正常或稍高。急性跛行持续3～10天后逐渐好转，有时也会更加跛行。感染猪群内，关节炎的发病率从1%～5%不等，死亡率很低。当感染的猪不能饮食或被同伴践踏时才出现死亡。典型临床表现见图4-5-1～图4-5-3。

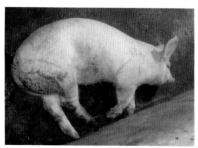

图 4-5-2　**病猪跛行**（林太明等）

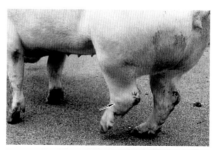

图 4-5-3　**跗关节肿胀**

【病理剖检变化】　急性猪鼻支原体的病变为浆液纤维蛋白性和脓性纤维蛋白性心包炎、胸膜炎、腹膜炎。亚急性病变为浆膜云雾状化、纤维素样粘连并增厚，肿胀关节内有乳白色脓液，多数胸腔和心包少量积液，肺脏呈现间质性肺炎病变，少数猪胸腔大量积液，肺脏与胸廓粘连，有绒毛心。滑膜充血、肿胀，滑液中有血液和血清。

急性猪滑液支原体感染的关节，滑膜肿胀、水肿和充血。滑液量明显增加，呈黄褐色，可能含有纤维素片。亚急性感染的病猪，滑膜呈黄色到褐色，充血，增厚。绒毛可能轻度肥大。慢性期间，滑膜增厚更为明显，有时能见到关节软骨出现病变。

【鉴别诊断】　见表4-5。

表4-5　与猪鼻支原体与滑液支原体病的鉴别诊断

病　名	症　状
副猪嗜血杆菌病	7日龄即可发病，嗜血杆菌性多发性浆膜炎体温升高较明显，经常达41.1～41.7℃
猪Ⅱ型链球菌病	任何日龄均可发病
猪鼻支原体病	3～5周龄猪高发，发病后体温很少超过40.6℃，其病程有些不规律，5或6天后可能平息下来，但几天内又复发
钙磷缺乏症	食量时多时少，采食声音低弱，行动强拘无跛行，有异嗜癖，四肢无疼痛感
猪丹毒（慢性）	病初有败血型或疹块型症状，剖检可见心瓣膜有白色菜花样增生物

【预防措施】　搞好饲养管理是预防本病的关键，加强圈舍消毒通风，尽量减少呼吸道、肠道疾病或应激因素的影响。发现猪群中有1头猪患病后，全群投喂泰乐菌素或林可霉素有很好的预防效果，但应用抗生素治疗发病猪效果不理想。

【治疗措施】　本病的治疗效果很不理想。目前也没有有效的方法清除猪群中鼻腔的病原菌，因此，有关治疗和预防猪鼻腔霉形体性多发性浆膜炎的办法很少。一般对泰乐菌素及林可霉素敏感，在群体治疗的基础上应用泰乐菌素或林可霉素治疗可能效果更好。

1）淘汰弱小发病猪，其余发病猪隔离，发病猪肌内注射30%盐酸林可霉素注射液每千克体重0.1mL，每天2次，连用3天。

2）整个保育舍加强通风，降低猪群密度（每头猪有 $2m^2$ 的活动空间）。

3）消毒：聚维酮碘带猪喷雾消毒，粪槽冲净后用 3% 氢氧化钠水溶液冲洗消毒，所有用具彻底清洗消毒。

4）每吨饲料拌料 20% 泰万菌素 400g + 75% 复方磺胺氯达嗪钠粉 500g + 氨基酸电解多维 1kg，连用 7 天。

六、破 伤 风

破伤风（tetanus）又名强直症，俗称"锁口风""脐带风"，是由破伤风梭菌经伤口感染后，产生外毒素而引起的一种急性、中毒性传染病，以骨骼肌持续性痉挛和刺激反射兴奋性增高为特征。

【流行病学】 破伤风梭菌广泛存在于自然环境中。破伤风可感染各种家畜，但只有创伤才可感染，多发生在阉割、断尾、断脐和各种创伤时，多为散发，无明显季节性。

【临床表现】 病初四肢僵硬后伸、奔跳姿势、出现强直痉挛。随后行走困难、胸廓和后肢强直性伸张。最后呼吸加快、困难，口、鼻出现白色泡沫。典型临床表现见图 4-6-1 和图 4-6-2。

图 4-6-1 猪两耳后竖，表现出
"木马"状姿势（林太明等）

图 4-6-2 猪全身性痉挛及角弓
反张（林太明等）

【病理剖检变化】 本病无明显的病理变化，仅在黏膜、浆膜及脊髓等处有小的出血点，四肢和躯干肌间结缔组织有浆液浸润，血液凝固不良，肺脏充血、水肿。

【鉴别诊断】 见表 4-6。

表4-6　与猪破伤风的鉴别诊断

病　名	症　状
土霉素中毒	因过量注射或投喂土霉素发病。注射后几分钟即出现烦躁不安，结膜潮红，瞳孔散大，反射消失
猪传染性脑脊髓炎	体温高（40～41℃），有呕吐，惊厥，持续20～30天后知觉麻痹，卧地，四肢呈游泳状，反射减少或消失

【预防措施】　防止外伤感染，去势和手术部位要严格消毒。

预防：1次皮下或肌内注射破伤风类毒素1500～3000国际单位。大小猪相同，伤势严重的猪可增加用量1～2倍。多发区可定期接种破伤风类毒素。

【治疗措施】　治疗时减少刺激，对局部创伤进行消毒处理，静脉注射破伤风类毒素，第一次肌内注射或静脉注射5万～20万国际单位，以后视病情决定注射量和间隔时间，同时将适量的抗破伤风类毒素注射于伤口周围组织中，辅以镇静药物缓解症状，选用青霉素等抗生素进行消炎。或在发病时采取被动的对症疗法缓解症状，解痉可用氯丙嗪注射液每千克体重2mg，25%硫酸镁注射液10～20mL静脉注射，40%乌洛托品10～20mL静脉注射。

七、衣原体病

衣原体病（chlamydiosis）是由鹦鹉热衣原体感染猪群引起的慢性接触性人兽共患传染病。妊娠母猪流产及产死胎、木乃伊胎、弱仔；公猪睾丸炎、尿道炎、龟头包皮炎；仔猪结膜炎、多发性浆膜炎、关节炎及中枢神经病损，临床以多种症状病型发生。

【流行病学】　不同品种、年龄的猪都可感染，妊娠母猪和幼龄仔猪最为易感，常呈地方性流行，多表现持续的潜伏性感染。病猪和隐性带菌猪为主要传染源，通过粪便、尿、乳汁、流产胎儿、胎衣和羊水排出病原体，污染饲养环境、水和饲料等，经消化道、呼吸道和生殖道感染。蝇和蜱可作为传播媒介。

【临床表现】　妊娠母猪感染本病出现早产、死胎、胎衣不下、不孕、产下木乃伊胎或弱仔等症状。公猪感染后出现睾丸炎、附睾炎、尿道炎、龟头包皮炎等，有的还出现慢性肺炎。仔猪可引起肠炎、多发性关节炎、结膜炎等症状，表现发热、食欲废绝、精神沉郁、咳嗽、腹泻等。典型临床表现见图4-7-1和图4-7-2。

图 4-7-1　眼结膜充血、潮红，
分泌物增加（林太明等）

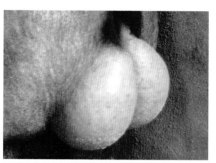

图 4-7-2　病公猪睾丸肿大
（林太明等）

【病理剖检变化】　见图 4-7-3～图 4-7-9。

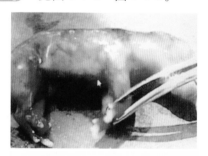

图 4-7-3　流产胎儿皮肤有出血
斑点（宣长和等）

图 4-7-4　早产死胎皮肤出血
（宣长和等）

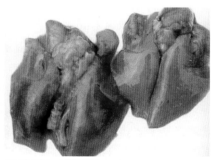

图 4-7-5　流产胎儿肺脏肿胀，
间质增宽（林太明等）

图 4-7-6　流产胎儿心脾出血
（宣长和等）

图 4-7-7　母猪子宫内膜出血、
水肿（宣长和等）

图 4-7-8　早产死胎心脏出血
（宣长和等）

图 4-7-9　早产死胎肺脏常有瘀血、
水肿（宣长和等）

【鉴别诊断】　　见表 4-7。

表 4-7　与衣原体病的鉴别诊断

病　名	症　状
猪细小病毒病	母猪可重新发情而不分娩，后躯运动失灵或瘫痪。剖检胎盘部分钙化，胎儿在子宫内有溶解和吸收。公猪无症状
猪繁殖与呼吸障碍综合征	妊娠母猪厌食，体温升高，呼吸困难。剖检腹腔有浅黄色积液
猪伪狂犬病	母猪厌食，惊厥，结膜炎。流产胎儿肝脏、脾脏、肾上腺、脏器淋巴结出现凝固性坏死

（续）

病　名	症　状
猪日本乙型脑炎	体温突然升高，嗜睡，乱冲乱撞。剖检可见脑室大量黄红色积液、脑膜充血、脑回明显肿胀、脑沟变浅、出血
猪布氏杆菌	乳房肿胀，阴户流黏液、流产后有血色黏液，胎衣不滞留
猪钩端螺旋体病	黏膜泛黄，尿红色或浓茶样，皮肤发红。剖检可见膀胱有血红蛋白尿

【预防措施】　本病一旦发生很难根除，因此引进猪时要进行严格的检疫。猪群应定期观察，随时淘汰疑似病猪。预防本病可进行疫苗接种。

【治疗措施】　治疗时，四环素类为首选药物如土霉素、金霉素、强力霉素，也可用氟苯尼考、红霉素、螺旋霉素等。

1）产前母猪混饲每吨饲料添加泰妙菌素150g或替米考星200g＋金霉素300g，连用7～10天。

2）新生仔猪在3日龄、7日龄，每头肌内注射长效土霉素0.3mL，21日龄每头肌内注射长效土霉素0.5mL。

3）有疫情的区域，母猪在配种前及妊娠后期、公猪在配种前或每三个月，按每吨饲料添加强力霉素300g，连用7天，可取得较好的预防效果。

☞ 八、猪链球菌病 ☜

猪链球菌病（swine streptococcsis）是由多种链球菌感染引起一种急性、热性、不同临床症状的人畜共患传染性疾病。主要表现为败血症、化脓性淋巴结炎、脑膜脑炎和关节炎。

【流行病学】　不同年龄、品种的猪都可感染本病，现代集约化密集型养猪更易流行，一年四季均可发生，春、秋季多发，呈地方性流行。病猪和带菌猪是本病的主要传染源，病猪排泄物污染的饲料、饮水和物体也会使猪只经过呼吸道和消化道感染而发病。

【临床表现】

（1）败血症型　常出现最急性型病例。往往突然死亡，或者出现不食、体温升高、精神委顿、呼吸困难、便秘、粪干硬、结膜发绀、突然倒地、口鼻流出浅红色泡沫样液体，腹下有紫红斑等症状。急性病例，常见精神沉郁、体温升高、呈稽留热、食欲减退或不食、眼结膜潮红，流泪，有浆液状鼻汁，有跛行。典型临床表现见图 4-8-1 和图 4-8-2。

（2）化脓性淋巴结炎型 见图 4-8-3 和图 4-8-4。

（3）脑膜脑炎型 多见于哺乳仔猪和断奶后小猪，病初体温升高，不食、便秘、有浆液性或黏液性鼻汁，继而出现神经症状，运动失调、转圈、仰卧、后躯麻痹，侧卧于地（图 4-8-5）。

图 4-8-1 皮肤发绀、发紫
（白挨泉等）

图 4-8-2 臀部皮肤发紫

图 4-8-3 体表淋巴结脓肿

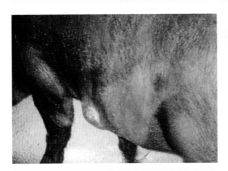

图 4-8-4 体表皮肤脓肿
（白挨泉等）

图 4-8-5 四肢做游泳状运动，
嗜睡昏迷

（4）关节炎型 见图 4-8-6～图 4-8-11。

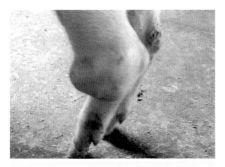

图 4-8-6　后肢跗关节感染而肿大
（林太明等）

图 4-8-7　关节肿大

图 4-8-8　后肢化脓性关节炎，关节
肿大、流脓（白挨泉等）

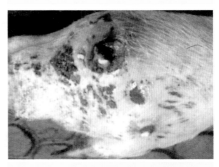

图 4-8-9　关节炎，脓肿破溃、
形成多个瘘管（徐有生）

图 4-8-10　病猪链球菌性关节炎

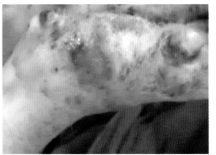

图 4-8-11　关节肿胀、皮肤破溃处化脓

【病理剖检变化】

（1）最急性型　口、鼻流出红色泡沫状液体，气管、支气管充血，

充满带泡沫液体。

（2）**急性型** 耳、胸、腹下和四肢皮肤有出血点，皮下组织广泛性出血。胃和小肠黏膜充血、出血，肾脏肿大，被膜下和切面上见出血点。胸、腹腔大量积液，有时有纤维素性渗出物。典型剖检变化见图4-8-12～图4-8-21。

图4-8-12 鼻黏膜充血

图4-8-13 鼻黏膜出血

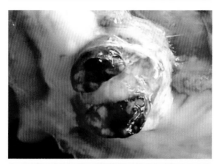
图4-8-14 胃门淋巴结切面出血严重

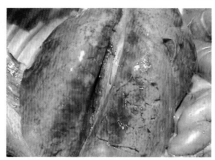
图4-8-15 肺脏表面有大量出血点

图4-8-16 肺脏切面出血、大叶性肺炎

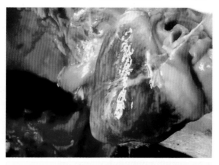
图4-8-17 心外膜斑点状出血

图 4-8-18 心内膜出血严重

图 4-8-19 心内膜出血，心内有赘生物

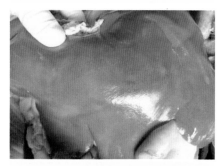

图 4-8-20 肝脏质脆、易碎、呈蓝紫色

图 4-8-21 脾脏肿大、呈紫黑色

（3）脑膜脑炎型 见图 4-8-22。

（4）关节炎型 见图 4-8-23 ~ 图 4-8-28。

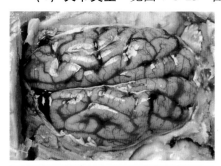

图 4-8-22 脑严重出血

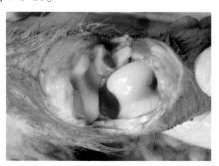

图 4-8-23 腕关节内有红色关节液

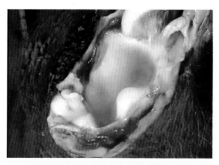

图4-8-24 关节内有少量黄色
关节液

图4-8-25 跗关节炎、关节腔内
四周有黄褐色胶冻样液

图4-8-26 膝关节关节液
增多、浑浊

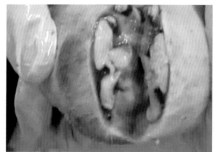

图4-8-27 关节腔内有化脓性干酪
样物质（化脓性肿胀）

（5）**化脓性淋巴结炎型** 可见淋巴结出现化脓灶（图4-8-29）。

图4-8-28 关节腔化脓

图4-8-29 腹股沟淋巴结化脓

【鉴别诊断】 见表4-8。

表4-8 与猪链球菌病的鉴别诊断

病　名	症　状
猪丹毒	全身皮肤潮红，有圆形、方形、菱形高出周边皮肤的红色或紫红色疹块。剖检脾脏松软、呈樱红色或暗红色，淋巴结肿胀、切面呈灰白色
猪瘟	病猪出现脓性结膜炎，腹泻与便秘交替出现，粪便恶臭。剖检脾脏边缘有梗死，回盲肠有纽扣状溃疡，肾脏、膀胱、直肠黏膜有密集出血点，肠淋巴结肿胀、呈紫红色。抗生素药物治疗无效
猪肺疫	咽喉部肿大，呼吸困难，咳嗽。剖检皮下有胶冻样纤维素性浆液，出现纤维素性肺炎，胸膜与肺脏粘连，气管和支气管有黏液
猪李氏杆菌病	头颈后仰，四肢张开呈观星状。剖检脑膜、脑实质充血、发炎、水肿，脑脊髓液增加，血管周围细胞浸润
猪弓形虫病	皮肤局限性红紫斑。剖检肺间质增宽、水肿，肾脏呈黄褐色、针尖大坏死灶，胃有出血斑、片状或带状溃疡，肠壁肥厚、糜烂、溃疡
副猪嗜血杆菌病	病猪表现体温升高、食欲不佳、精神沉郁，关节肿胀、疼痛，一侧跛行

【预防措施】 保持猪舍的环境卫生、清洁干燥，猪舍的消毒工作是预防的关键。规模化猪场选用与发病猪流行菌株匹配的血清型疫苗免疫接种。推荐免疫程序为：种公猪每半年接种一次；后备母猪在产前8～9周首免，3周后二免，以后每胎产前4～5周免疫一次；仔猪在4～5周龄免疫1次。

【治疗措施】 在治疗本病时，应根据不同的病型进行相应治疗。

（1）急性败血型和脑膜炎型 群体发病按每吨饲料中添加盐酸大观霉素-林可霉素可溶性粉1000g + 磺胺嘧啶钠800g + 三甲氧苄氨（TMP）150g + 碳酸氢钠1000g，连用7天，3天后将以上组方中的磺胺嘧啶钠用量减至500g，嘧啶（TMP）用量减至100g，其他药物使用量不变。

个体发病，可每千克体重肌内注射庆大霉素1～2mg + 磺胺嘧啶钠注射液 0.05～0.1g＋地塞米松磷酸钠 4～12mg，或林可霉素＋磺胺嘧啶钠＋地塞米松磷酸钠，每天 2 次，连用 2～3 天，根据患病猪热症使用安乃近或安痛定退热。治疗时应早发现早治疗、敏感药物剂量充足、疗程要够即个体给药不低于 5～7 天、群体给药为 3～5 天。

（2）化脓性淋巴结炎型和关节炎型　哺乳仔猪经常发生化脓性淋巴结炎型和关节炎型链球菌病时，应及早做好哺乳母猪产前和产后的药物预防及母猪体质保健，如在母猪产前和产后 3 天每吨饲料中添加先锋霉素 100g＋20% 恩诺沙星 1000g，连用 5～7 天，必要时产前 30 天做好疫苗接种。

仔猪发病严重时，每千克体重肌内注射盐酸林可霉素 10mg＋磺胺嘧啶钠 0.05～0.1g，每天 1～2 次，连用 3～5 天。或每千克体重肌内注射庆大霉素 1～2mg＋林可霉素 10mg＋地塞米松磷酸钠 4～12mg，每天 2 次，连用 5～7 天。慢性病例中，病变部位肿胀脓肿成熟可将肿胀部位切开一个引流口，用 3% 双氧水（过氧化氢溶液）清洗排出脓汁，或用高锰酸钾冲洗后，涂以碘酊或硫酸新霉素等抗菌药，2～3 天处置一次，5～7 天可愈。

由于猪链球菌病是人畜共患性疾病，因此，临床上处置该病时，相关人员必须做好自身防护工作，出现不适或症状应及时就医。对病猪污染的场所、污染物及器具和环境要彻底消毒。对无治疗价值病猪及病死猪按规定进行无害化处理。

九、猪李氏杆菌病

猪李氏杆菌病（listeriosis）是由产单核细胞李氏杆菌引起多种动物和人共患的一种散发性传染病。猪以脑膜炎、败血症和单核细胞增多症、妊娠母猪发生流产为特征。

【流行病学】　本病的发生无季节性，可感染各种年龄的多种动物和人，幼龄较易感染，多发生在冬季或早春，呈散发，偶见暴发流行。患病动物和带菌动物通过粪便、尿、乳汁、眼、鼻分泌物等排出该菌，经消化道、呼吸道、眼结膜和破损皮肤等传染给易感动物。

【临床表现】　猪李氏杆菌病自然感染的潜伏期为 2～3 周，短的可能只有几天，长的可达 2 个月之久。常突然发病，以急性型出现，大多数表现为脑膜炎症状。根据病程可分为败血症型、脑膜脑炎型、混合型。典型临床表现见图 4-9-1 和图 4-9-2。

图 4-9-1　病猪出现神经症状，
从左向右转圈（徐有生）

图 4-9-2　四肢张开呈观星
姿势（宣长和等）

【病理剖检变化】

（1）败血症型　出现败血症病变。主要的特征性病变是局灶性肝坏死（图4-9-3）。其次，脾脏、淋巴结、肺脏、心肌、胃肠道中也可发现较小的坏死灶。

（2）脑膜脑炎型　可见脑膜和脑实质充血、发炎和水肿，脑脊液增多、浑浊。典型剖检变化见图4-9-4和图4-9-5。

图 4-9-3　病猪肝脏表面白色
坏死点（白挨泉等）

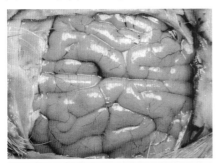

图 4-9-4　脑血管周围有以单核细胞
为主的细胞浸润

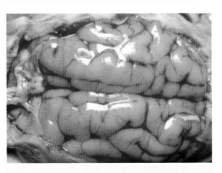

图 4-9-5　脑充血，脑脊液增多

【鉴别诊断】　见表4-9。

表4-9　与猪李氏杆菌病的鉴别诊断

病　名	症　状
猪伪狂犬病	后躯运动障碍，呼吸困难，呕吐，下痢。剖检鼻腔、咽喉、扁桃体炎性肿胀浸润，并常有坏死性伪膜，肝脏、肾脏出现周围红色晕圈、中央有黄白色或灰白色坏死灶
猪传染性脑脊髓炎	四肢僵硬，肌肉、眼球震颤，呕吐。剖检脑膜水肿、血管充血
猪血凝性脑脊髓炎	多见于2周龄以下的哺乳仔猪。呕吐、便秘。剖检仅见脑脊髓发炎、水肿
猪水肿病	主要发生于断奶前后的仔猪。眼睑、头部皮下水肿。剖检胃壁水肿、增厚，肠黏膜水肿

【预防措施】　消灭猪舍附近的鼠类，被污染的环境采用二氯异氰尿酸钠等消毒，防止其他疾病感染，加强猪群的福利性工作。增强猪的抵抗力。

【治疗措施】　病猪隔离治疗，消毒畜舍、环境，处理好粪便。链霉素在治疗本病时效果较好，大剂量的抗生素或磺胺类药物也可取得一定疗效。

1）20%磺胺嘧啶钠5~10mL，每天2次，肌内注射。

2）庆大霉素每千克体重1~2mg，每天2次，肌内注射。

3）氨苄西林每千克体重5~10mg，每天2次，肌内注射。

十、猪丹毒

猪丹毒（erysipelas suis）是猪丹毒杆菌引起的一种急性、热性传染病。主要特征为高热、急性败血症、亚急性皮肤增生性疹块、慢性疣状心内膜炎及皮肤坏死和多发性非化脓性关节炎，俗称"打火印"。

【流行病学】　本病主要侵害3~12月龄的猪，常为散发或地方性流行，具有一定的季节性，在北方以炎热、多雨的季节多发，南方多在冬、春季节流行。病猪经粪便、尿、唾液等将病菌排出体外，污染周围环境、饲料、饮水，主要通过消化道和破损皮肤感染健康猪。此外，蚊、蜱等吸血昆虫也可传播本病。

【临床表现】

（1）急性型　病猪精神高度沉郁，体温42~43℃高热不退，不食不饮，结膜充血，粪便干硬有黏液。典型临床表现见图4-10-1和图4-10-2。

（2）亚急性型　病猪精神不振、口渴、腹泻，体温41℃以上。皮肤上出现方形、菱形和圆形的疹块。见图4-10-3~图4-10-6。

图 4-10-1　急性猪丹毒
呈败血症症状，皮肤
潮红、充血

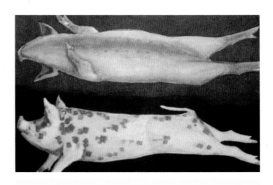

图 4-10-2　急性猪丹毒呈败血症
症状，腹部皮肤潮红，皮肤出现
菱形疹块

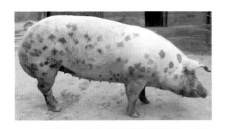

图 4-10-3　全身布满凸出皮肤
表面的方形、菱形疹块，俗称
"打火印"

图 4-10-4　皮肤上不同时
期的疹块（孙锡斌等）

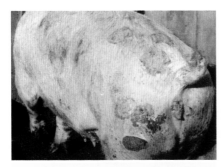

图 4-10-5　皮肤形成的痂皮逐渐
脱落（孙锡斌等）

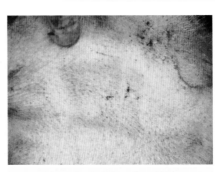

图 4-10-6　皮肤出现的疹块

（3）慢性型 一般表现为慢性浆液性纤维素性关节炎（图4-10-7），慢性疣状内膜炎和皮肤坏死。

图4-10-7 关节肿胀，疼痛，猪只站立困难

【病理剖检变化】

（1）急性型 见图4-10-8～图4-10-12。

图4-10-8 肺脏呈花斑（宣长和等）

图4-10-9 脾脏充血、肿大

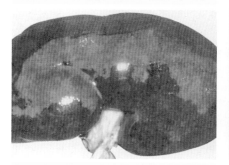

图4-10-10 肾脏瘀血、肿大，呈紫黑色，俗称"大紫肾"（徐有生）

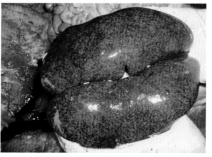

图4-10-11 急性型肾脏肿大、呈紫红色，有暗灰色斑

图 4-10-12　胃底部和十二指肠
初段出血

（2）亚急性型　具有较轻的急性型变化。

（3）慢性型　见图 4-10-13 ~ 图 4-10-16。

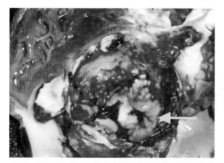

图 4-10-13　主动脉瓣上的疣状
赘生物（徐有生）

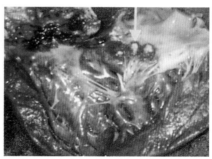

图 4-10-14　二尖瓣上的菜花样
赘生物（徐有生）

图 4-10-15　左心房室瓣（二尖瓣）
疣状赘生物（孙锡斌等）

图 4-10-16　主动脉瓣和二尖瓣
疣状赘生物（孙锡斌等）

【鉴别诊断】 见表4-10。

表4-10 与猪丹毒的鉴别诊断

病　名	症　状
猪瘟	表现腹泻。剖检淋巴结呈大理石状外观，脾脏出血性梗死，肾脏呈密集的点状出血，回盲口有纽扣状溃疡
猪流行性感冒	呼吸急促，阵发性咳嗽，眼流分泌物，鼻液中含有血
猪肺疫	咽喉部肿大，呼吸困难，咳嗽。剖检皮下有胶冻样纤维素性浆液，出现纤维素性肺炎，胸膜与肺脏粘连，气管和支气管有黏液
猪链球菌病	口、鼻流出浅红色黏液。剖检脾脏肿大1~3倍、呈暗红色或蓝紫色
猪弓形虫病	呼吸浅、快，耳根、下肢、下腹、股内侧有紫红色斑。剖检肺间质增宽、水肿，肾脏呈黄褐色、针尖大坏死灶，胃有出血斑、片状或带状溃疡，肠壁肥厚、糜烂、溃疡

【预防措施】 做好猪舍的卫生消毒工作，严禁发病猪场购猪，切断病源猪的引入。结合猪场的免疫计划做好疫苗接种预防。在春、秋季节选用猪丹毒弱毒苗、猪丹毒氢氧化铝胶甲醛苗，仔猪55~60日龄免疫接种猪丹毒疫苗，种猪每间隔6个月免疫一次。

【治疗措施】

1）青霉素是治疗本病的首选药物，早期治疗可在24~36h内见效，效果显著，按每千克体重2万~3万国际单位青霉素肌内注射，每天早晚各一次，直至猪体温和食欲恢复正常，配合恩诺沙星注射疗效更佳。

2）群体发病可选用头孢菌素200g＋恩诺沙星100g，添拌饲料1000kg，连用7天。

3）四环素类、林可霉素等药物也有较好的疗效，磺胺类药物对该病无疗效。

十一、仔猪低血糖症

仔猪低血糖症（hypoglycaemia of piglets）是由多种原因引起的仔猪血

糖降低的一种代谢病。临床上以明显的神经症状为特征。多发于1周龄以内的仔猪（常见于2~3日龄乳猪）。

【流行病学】 仔猪出生后吮乳不足是发生本病的主要原因。母猪妊娠期营养不良，产后少乳或无乳，或感染发生子宫炎、乳腺炎等引起少乳或无乳的疾病，仔猪患大肠杆菌病、先天性震颤等病而无力吮乳，都会造成仔猪吮乳不足而发病。此外，低温、寒冷、空气湿度过高是引发本病的诱因。

【临床表现】 病初发现仔猪吮乳停止、四肢无力、肌肉震颤、步态不稳、皮肤发冷、黏膜苍白、心跳慢而弱，后期出现卧地不起、角弓反张状或呈游泳状运动、尖叫、磨牙、口吐白沫、瞳孔散大、感觉机能减退或消失，严重的昏迷不醒，很快死亡（图4-11-1）。

图 4-11-1　发病仔猪精神沉郁、嗜睡、消瘦（林太明等）

【病理剖检变化】 病猪消化道空虚，机体脱水。肝脏呈橘黄色、边缘锐利、质地像豆腐、稍碰即破。胆囊重大、充满半透明浅黄色胆汁。肾脏呈土黄色，散在针尖大出血点，肾盂和输尿管有白色沉淀物。典型剖检变化见图4-11-2~图4-11-5。

图 4-11-2　肠道充血、肠系膜淋巴结呈浅黄色

图 4-11-3　肝脏呈橘黄色

图 4-11-4　肝脏呈橘黄色，
质脆呈豆腐状

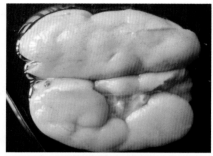

图 4-11-5　肾脏呈土黄色，散在
针尖大出血点

【鉴别诊断】　见表4-11。

表 4-11　与仔猪低血糖症的鉴别诊断

病　名	症　状
仔猪溶血病	吃奶后24h发病，血红蛋白尿。剖检皮下脂肪黄染
仔猪缺铁性贫血	心跳加快，心悸亢进，不出现神经症状。剖检可见肝脏肿大、脂肪变形、呈浅灰色、肌肉色浅
仔猪先天性震颤	新生仔猪出生仅几个小时即可发生颤震，临床上症状轻重不一，有的仔猪是全身一致的、有节奏的震颤，无法站立，被迫躺卧，震颤减轻或停止，再站立又出现症状，仔猪出生后不久表现为全身性或局部性阵发性痉挛

【预防措施】　加强妊娠母猪的饲养管理，保证产后有充足的乳汁供应。初生仔猪及早食初乳、注意保暖。必要时可把小猪寄养给其他泌乳母猪。

【治疗措施】　及时解除母猪的缺奶或少奶的原因，积极辅助乳猪的护理。

1）治疗时做好保温，采用病因疗法，腹腔注射10%～20%葡萄糖10～20mL，每4～6h一次，亦可灌服25%葡萄糖水，每次10～20mL，每2～3h一次，连用2～3天，直至症状缓解并能自行吮乳为止。

2）母猪泌乳不足，可将乳猪寄养给其他泌乳充足的母猪。改善饲养管理、加强护理，乳猪环境温暖，避免其受寒、受凉。

十二、猪硒-维生素E缺乏症（猪白肌病）

猪硒-维生素E缺乏症（pig selenium-vitamin E deficiency）是微量元素硒或维生素E缺乏而引起猪的一种营养代谢障碍性疾病，俗称白肌病。猪白肌病是仔猪以骨骼肌和心肌发生变性、坏死为主要特征的营养代谢病。

【流行病学】 原因是饲料中缺乏硒微量元素和维生素E所致，多于3~4月发病，多发于20日龄到3月龄营养良好、体质健壮的仔猪和幼猪。本病呈地方性流行，应激因素可促进本病的暴发流行。

【临床表现】 本病常发生于体质健壮的仔猪，有的病程较短，突然发病。病猪主要表现食欲减少，精神沉郁，呼吸困难。病程后期表现后肢强硬、拱背，站立困难，常呈前腿跪立或犬坐姿势。本病有群发性。典型临床表现见图4-12-1。

图4-12-1 病死猪皮肤苍白

【病理剖检变化】 骨骼肌上有连片的或局灶性坏死，肌肉松弛，颜色呈现灰红色，如煮熟的鸡肉。病变肌肉呈对称性，常见于四肢、背部、臀部、膈肌。心内膜上有浅灰色或浅白色斑点，心肌明显坏死，心脏容量增大、心肌松软，有时右心室肌肉萎缩。心外膜和心内膜有斑点状出血。肝脏瘀血、充血，边缘钝圆，呈浅褐色、浅灰黄色或黏土色。

（1）先天性缺硒 初生仔猪皮下和皮肤间组织水肿，呈现渗出性素质的变化，全身骨骼肌均为浅粉红色，无光泽，轻度水肿，鱼肉样。

（2）仔猪白肌病 骨骼肌、后躯臀部肌肉和股部肌肉色浅，呈灰白色条纹，心包积液，心肌色浅。以左心肌变性最为明显。典型剖检变化见图4-12-2~图4-12-5。

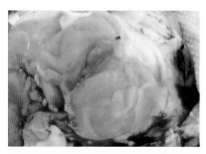

图4-12-2 肌肉渗出性素质炎

图4-12-3 肌肉切面粗糙、湿润

图 4-12-4 肌肉条纹状变性

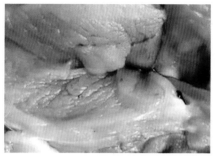

图 4-12-5 肌肉苍白、变性

（3）猪桑葚心 尸体体况营养良好，各体腔均充满大量液体，并含纤维蛋白块。心外膜及心内膜常呈线状出血，沿肌纤维方向扩散。典型剖检变化见图 4-12-6～图 4-12-9。

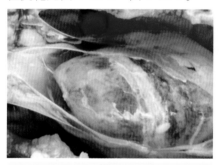

图 4-12-6 心包积液、心脏浆膜出血

图 4-12-7 桑葚心、心包外膜可见出血

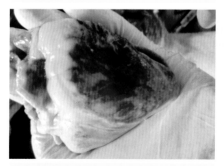

图 4-12-8 桑葚心、心肌外膜可见出血

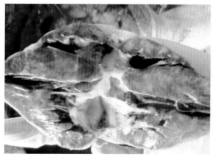

图 4-12-9 心内膜出血，心肌出血、变性、坏死

（4）仔猪肝脏坏死　皮下组织和内脏黄染，急性病例的肝脏呈紫黑色，肝脏肿大 1～2 倍，质脆易碎，呈豆腐渣样（图 4-12-10）；慢性病例表面凹凸不平，正常肝小叶和坏死肝小叶混合存在，体积缩小，质地变硬。

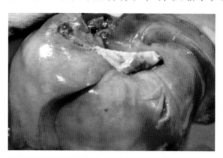

图 4-12-10　肝脏易碎、呈豆腐渣样

【鉴别诊断】　见表 4-12。

表 4-12　与猪硒-维生素 E 缺乏症的鉴别诊断

病　名	症　状
猪恶性口蹄疫	心肌切面有灰白色或浅黄色斑或条纹
猪脑心肌炎	病猪精神沉郁，蹒跚，呕吐，呼吸困难，因急性心力衰竭而死亡，右心室扩张，心肌可见许多散在的白色病灶，呈线状或圆形，肾脏皱缩
猪应激综合征	可见心肌有白色条纹或斑块病灶，心肌变性，心包积液。脊椎棘突，上下的纵行肌肉及外臂部和腰部肌肉呈灰白色或白色，有时一端病变一端正常，间质轻度水肿。肺脏水肿，有的胸腔积液

【预防措施】

1）注意妊娠母猪的饲料搭配，保证饲料中硒和维生素 E 等添加剂的含量。

2）对缺硒地区的妊娠母猪，应在产前 15～25 天内及仔猪出生后第 2 天起，每 30 天肌内注射 0.1% 亚硒酸钠维生素 E1 次，母猪 5～10mL，仔猪可于出生后第 2 天肌内注射 0.1% 亚硒酸钠维生素 E 注射液 0.5～1mL，有一定预防作用。

3）对发病仔猪用 0.1% 亚硒酸钠注射液，每头仔猪肌内注射 1～

3mL，20 天后重复一次，同时应用维生素 E 注射液，每头仔猪 50 ~ 100mg，肌内注射。

4）有条件的地方，可饲喂一些含维生素 E 较多的青饲料，如种子的胚芽、青饲料和优质豆科干草。对泌乳母猪，可在每 100kg 饲料中加入 22mg 亚硒酸钠、2000 ~ 2500 单位维生素 E。

【治疗措施】

1）对于 3 日龄患病仔猪，0.1% 亚硒酸钠维生素 E 注射液 0.5 ~ 1mL，肌内注射，隔 15 天补注一次。母猪日粮中应添加亚硒酸钠和维生素 E。硒的治疗量与中毒量很接近，不可大小猪一律按千克体重计算，防止中毒事故。

2）对 30 日龄以上病仔猪可用 0.1% 亚硒酸钠维生素 E 注射液，每头仔猪肌内注射 1 ~ 3mL，20 天后重复一次。

十三、猪佝偻病

猪佝偻病（pig rickets）是由于仔猪机体缺乏维生素 D 及钙、磷元素或者饲料中钙、磷元素比失调引起的一类营养代谢病，病猪生长发育迟缓、消化紊乱、异嗜癖、软骨钙化不全、跛行，可以口服或静脉注射钙磷制剂的方式进行治疗。

【流行病学】 病因是由于骨质缺乏钙和磷等无机盐类，以及维生素 D 不足，缺少日光照晒，引起猪体钙磷代谢紊乱，骨质形成不正常而致病。饲料配合不当，如长期饲喂酒糟、豆腐渣、糖渣等，或猪舍潮湿缺乏阳光照射，胃肠病、寄生虫病、先天发育不良等因素阻碍了对维生素的吸收和利用，均能诱发佝偻病。

【临床表现】 食欲减退，消化不良，出现异嗜癖，发育停滞，消瘦，出牙延长，齿形不规则，齿质钙化不足，面骨、躯干骨和四肢骨变形，站立困难，四肢呈 X 形或 O 形，肋骨与肋软骨处出现串珠状，贫血。

（1）先天性佝偻病 仔猪生后衰弱无力，经过数天仍不能自行站立。扶助站立时，腰背拱起，四肢弯曲不能伸直。

（2）后天性佝偻病 发生慢，早期呈现食欲减退、消化不良、精神沉郁，然后出现异嗜癖。仔猪腕部弯曲，以腕关节爬行，后肢则以跗关节着地。病期延长则骨骼软化、变形。行动迟缓，发育停滞，逐渐消瘦。强迫站立时，拱背、屈腿、痛苦呻吟。肋骨与肋软骨结合部肿大呈球状，肋骨平直，胸骨凸出，长肢骨弯曲，呈弧形或外展呈 X 形。典型临床表现见图 4-13-1 ~ 图 4-13-5。

图 4-13-1　猪左前肢发育异常

图 4-13-2　猪前肢弯曲

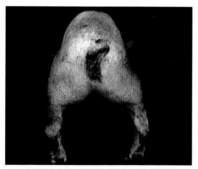

图 4-13-3　病猪两后肢弯曲

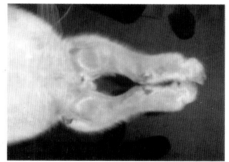

图 4-13-4　病猪后肢蜷曲畸形
（林太明等）

图 4-13-5　病猪脊柱畸形

【病理剖检变化】　临诊病理学检查血清碱性磷酸酶（ALP）升高，血清钙磷依致病因子而定。X线检查，骨密度降低，长骨末端呈现"羊毛状"或"饿蚀状",骨骼变宽,即可证实为佝偻病(图4-13-6)。

图4-13-6　病猪肋骨与肋软骨结合处肿大

【鉴别诊断】见表4-13。

表4-13　与猪佝偻病的鉴别诊断

病　名	症　状
猪软骨症	猪佝偻病发生于幼龄猪,而猪软骨症多发生于成年猪
猪白肌病	本病常发生于体质健壮的仔猪,有的病程较短,突然发病

【预防措施】

1)补充哺乳母猪的维生素 D 的需要量,确保冬季猪舍有足够日光照射和摄入经太阳晒过的青干草。

2)增加富含维生素 D 的饲料或补给鱼肝油;合理调配日粮中钙、磷的比例;给予适当的光照和运动。

【治疗措施】

1)乳酸钙或磷酸钙 2～5g,或 10% 氯化钙溶液每次 1 汤匙,每天 2 次拌于饲料中喂给。

2)肌内注射维丁胶性钙 2～4mL。

3)静脉注射 10% 葡萄糖酸钙 20～50mL。

4)选用蛋壳粉、贝壳粉、南京石粉、乳酸钙、碳酸钙、鱼粉或肉骨粉 5～10g,每天 2 次,拌在饲料中喂猪。

5)首乌 10g,熟地、山药、白术、陈皮、甘草、厚朴各 15g,党参 10g,水煎 1 次内服。此剂量适用于 30 千克重的猪。

 十四、猪蹄裂

猪蹄裂(pig hoof split)是规模化猪场常见的问题。以猪蹄甲缩小、蹄

壁角质层裂、局部疼痛、步态不稳、肌肉颤抖、前肢爬行、后肢摇晃、卧地不起、无法正常采食、强行驱赶时尖叫和生长速度减慢等为基本症状。

【流行病学】 本病发病时间主要集中在 10～12 月和次年 1 月。发病率在 4%～5%。饲料能量过低、地面过于粗糙、微量元素尤其是锌元素的吸收或添加量不平衡、钙磷失调、猪疥螨感染、生物素（维生素 H）和叶酸等维生素的缺乏，均可导致猪蹄裂。常见的蹄壳和蹄底横裂，主要是猪群机体缺乏生物素、维生素 A、维生素 D、维生素 E、维生素 B_2、维生素 B_{12} 和叶酸、泛酸等维生素所造成的。

【临床表现】 发生蹄裂，伴有局部疼痛、起卧不便，并因卧地少动可继发肌肉风湿；发病期较长者可磨破皮肤，容易形成局部脓肿。蹄壁缺乏光泽，有纵或横的裂隙，猪常多发多肢蹄裂。裂隙未及真皮时不发生运动障碍。如涉及真皮，且有感染时，临床上可见不同程度的跛行，蹄尖壁裂时，用踵部负重；前肢两侧蹄都有蹄裂时，可用腕部着地负重。典型临床表现见图 4-14-1～图 4-14-6。

图 4-14-1　病猪卧地不起，蹄部裂开

图 4-14-2　发病初期，蹄冠部出血

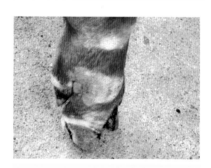

图 4-14-3　猪蹄裂中期：猪蹄甲与皮肤交界处出现一圈明显的白色带

图 4-14-4　蹄裂后期：猪蹄冠部断裂

图 4-14-5　蹄甲与蹄壳裂开
（林太明等）

图 4-14-6　蹄底部破溃、裂开

【鉴别诊断】　见表 4-14。

表 4-14　与猪蹄裂的鉴别诊断

病　名	症　状
猪口蹄疫	猪蹄冠、蹄趾间、蹄踵部形成水疱，水疱破溃以后，颜色发白，有些露出黏膜。病情严重的，蹄甲脱落。有些猪鼻镜也出现水疱，母猪乳头附近出现水疱，体温通常都会升高，是一种烈性传染病，传染非常快，通常会大群发病
猪腐蹄病	蹄间和蹄冠皮肤充血，红肿。严重者蹄趾间皮肤及蹄底破损处流黄色水样液，蹄甲松动，触诊疼痛反射敏感。蹄底及蹄趾间皮肤肿胀，两趾外展，穿刺后很快渗出黄色脓汁。常发展成慢性坏死性蹄糜烂或局限性蹄底溃疡。重症者蹄壳脱落

【预防措施】

1）选育抗肢蹄病的品种。通过肢蹄结实度的选择，改良肢蹄结构，使整个体型发生变化，进而达到增强抗该病发生的可能性。对体型过大而肢蹄过于纤细，单位面积支撑骨负重过大，容易引起肢蹄损伤的个体，应坚决予以淘汰。

2）改善圈面结构质地和管理。地面应保持适宜的光滑度（须小于

3 度），地面无尖锐物、无积污。集约化养猪场的地面最好采用环氧树脂漏缝地板；新建水泥地面的猪栏必须用醋酸溶液多次冲洗，晾干后再进种猪，以免由于碱性腐蚀猪蹄造成裂蹄病。有条件的猪场，应确保种猪有一定时间在户外活动，以接受阳光，这样有利于体内维生素 D 的合成，促使钙、磷的吸收、转化。

3）改善饲料营养成分。应供给全价平衡的日粮饲料，矿物质、维生素，尤其是生物素（维生素 H）亚油酸等含量应充足。确保钙、磷量足够和恰当的比例，并保证锌、铜、硒、锰等微量元素养料的供应量。

4）防止继发感染病的发生。要在猪运动场进出口处设置脚浴池，池内放入 0.1% ~ 0.2% 福尔马林溶液，以对发病的猪进行疾病预防和治疗。对已经发生或刚发生裂蹄的猪，在经过消毒以后，再用氧化锌软膏对症治疗。

【治疗措施】

1）改修地面后继续使用，不需要太光滑和太粗糙。

2）用戊二醛对猪的蹄部消毒，后用碘伏外涂伤口。

3）用 10% 硫酸铜液浸湿麻袋，让猪群在上面走来走去。

4）维丁胶性钙 10 ~ 30mL 肌内注射，每天一次，连用 3 ~ 5 天。主要用于钙磷失调的猪蹄病。

5）0.2% 伊维菌素每吨饲料 2000g，用 7 ~ 9 天。外用硫黄软膏涂到蹄部。

6）饲料拌料：每吨饲料加精炼油 20kg + 2% 生物素 300g + 复合多维1000g + 蛋氨酸锌 500g，用 15 ~ 20 天。或每 100kg 饲料中添加维生素 H 50 ~ 70mg，连用 30 天。或每天每头母猪饲喂 0.5kg 胡萝卜和 1% 油脂粉。或成年猪每天每头饲料中添加硫酸锌 0.3 ~ 0.5g。

7）对干裂的蹄壳，每天涂抹 1 ~ 2 次鱼肝油或凡士林。如有炎症，应进行局部消毒，视情况确定是否注射抗生素。

十五、猪腐蹄病

猪腐蹄病（pig foot rot）是一种蹄趾间皮肤化脓性、坏死性炎症。病变局限于蹄间，可扩展到蹄冠、系部或球节部，发生坏死性病变，严重时患部脱落。

【流行病学】　　主要为猪舍水泥地面造成生猪蹄部磨损，尤其是规模化养殖的母猪。生猪运动量减少，水泥地面坚硬，使猪起卧对猪蹄部摩擦加大损伤，夏季蚊蝇攀爬叮咬、猪圈不清洁等一系列因素致使蹄病增多，形成腐蹄病。

【临床表现】　患病猪不能站立或站立不稳。蹄间和蹄冠皮肤充血，红肿。严重者蹄趾间皮肤及蹄底破损处流黄色水样液，蹄甲松动，触诊疼痛反射敏感。常发展成慢性坏死性蹄糜烂或局限性蹄底溃疡。重症者蹄壳脱落感染波及腱鞘，并蔓延至骨和蹄关节，引起骨髓炎、关节炎。典型临床表现见图 4-15-1 ~ 图 4-15-3。

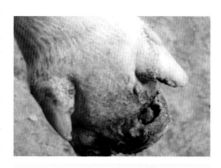

图 4-15-1　猪蹄冠腐烂

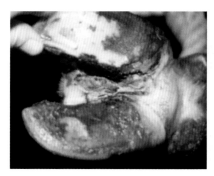

图 4-15-2　猪蹄甲间腐烂

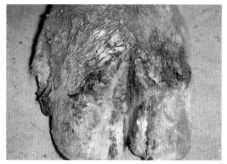

图 4-15-3　蹄冠皮肤溃烂（林太明等）

【鉴别诊断】　见表 4-15。

表 4-15　与猪腐蹄病的鉴别诊断

病　名	症　状
猪水疱病	有传染性，体温高，先从蹄冠发生一个或几个黄豆大的水疱，而后融合破裂蹄侧壁与蹄底交界处无空隙腐烂
猪渗出性皮炎	多发于幼年猪，除蹄部发生糜烂外，鼻盘、脸颊部、眼周围和胸腹部下皮肤充血、湿腻，伴有油脂样痂皮，瘙痒恶臭，蹄侧壁与蹄底相连处无病变

【预防措施】

（1）**选育抗肢蹄病的品种** 通过肢蹄结实度的选择，改良肢蹄结构，使整个体型发生变化，进而达到增强抗该病发生的可能性。对体型过大而肢蹄过于纤细，单位面积支撑骨负重过大，容易引起肢蹄损伤的个体，应坚决淘汰。

（2）**改善圈面结构质地和加强管理** 地面应保持适宜的光滑度（但必须小于3度），地面无尖锐物、无积污。集约化养猪场的地面最好采用环氧树脂漏缝地板；新建水泥地面的猪栏必须用醋酸溶液或消毒制剂冲洗，晾干后再进种猪。有条件的猪场，应确保种猪有一定时间在户外活动，接受阳光，利于体内维生素D的合成，促使钙、磷的吸收、转化。

（3）**改善饲料营养成分** 应供给全价平衡的日粮饲料，矿物质、维生素，尤其是生物素、亚油酸等含量应充足。确保钙、磷量比例平衡，并保证锌、铜、硒、锰等微量元素的供应量。

（4）**防止继发感染病的发生** 要在猪运动场进出口处设置脚浴池，池内放入0.1%～0.2%福尔马林溶液或高锰酸钾溶液。对已经发生或刚发生裂蹄的猪，在经过消毒以后，再用氧化锌软膏对症治疗。

【治疗措施】 改善圈舍环境，将病猪移至质地柔软、环境安静的地方进行治疗。

1）保持猪舍干燥清洁，发现外伤及时治疗，防止感染。

2）用0.1%～0.2%高锰酸钾，3%来苏儿，0.1%雷夫奴儿液冲洗患部。

3）有坏死组织，剪去后涂擦5%碘酊，撒磺胺结晶粉进行包裹。

4）用青霉素和普鲁卡因对病猪四蹄打封闭针，每蹄用青霉素40万单位、2%普鲁卡因2mL。

5）用5mL蒸馏水将青霉素80万单位溶解，与200mL的鱼肝油混合，涂于患部。

6）如果猪群普遍患有此病，可用1%福尔马林（必须在通风环境下实施）或5%硫酸铜溶液浴足，每周一次赶猪群趟过药液，连续2～3周。蹄页干裂的情况下不宜做此处理。

十六、猪风湿

猪风湿（pig rheumatism）是一种原因尚未明确的慢性全身性疾病。其主要病变为关节及其周围的肌肉组织发炎、萎缩，同时也侵害蹄真皮和心脏，以及其他组织器官的一种反复发作的急性或慢性非化脓性炎症，是一种变态反应性病理过程。

【流行病学】 促使本病发生的因素为潮湿、寒冷、运动不足及饲料的急剧改变等。

【临床表现】 猪的肌肉及关节风湿症，往往是突然发生，一般先从后肢起，逐渐扩大到腰部乃至全身。患部肌肉疼痛，走路时发生跛行或出现弓腰和步幅小（迈小步）等症状。病猪多喜卧，驱赶时可勉强走动，但跛行可随运动时间延长而逐渐减轻或消失，局部疼痛也逐渐缓解。触诊时局部有明显压痛，体温一般在38～39℃，呼吸、脉搏稍有增数，食欲减退。典型临床表现见图4-16-1和图4-16-2。

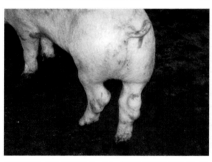

图4-16-1 猪跗关节肿，行走困难

图4-16-2 猪后肢僵直，不敢行走

【鉴别诊断】 见表4-16。

表4-16 与猪风湿的鉴别诊断

病　　名	症　　状
猪钙磷缺乏症	仔猪骨骼变形、成年猪（多为母猪）关节肿大，大小猪均有异嗜癖，每天采食量时多时少，吃食无嚓嚓声，不会因运动持续而减轻其强拘特点
猪慢性氟中毒	因食用无机氟污染的饲料或饮用高氟元素水而发病。跖骨、掌骨对称性肥厚，下颌也对称性肥厚，间隙狭窄，持续走动跛行不会减轻

【预防措施】 本病防治关键在减少猪受外力损伤的机会。猪舍内可铺垫细沙、草料，以防止猪打滑摔倒；避免突然换料。猪群密度要适

当，加强运动。保持猪舍干燥、清洁以及安静。

【治疗措施】 治疗风湿的药物在临床上最常应用的是水杨酸制剂和激素类，它可使病变部位迅速消除肿胀，减轻疼痛，使体温下降等。

1）复方水杨酸钠注射液或撒乌安注射液 10～20mL，耳静脉注射。

2）复方安乃近注射液 5～10mL，肌内注射。

3）2.5%醋酸可的松注射液 5～10mL（一般加等量的 0.25%～1% 普鲁卡因），肌内注射。

4）氢化可的松注射液 2～4mL 做关节腔内注射（在无菌条件下进行）也可取得一定疗效。

5）另外中兽医采用针灸（先针百会后灸归尾和尾归）疗法也可取得满意的疗效。

操作方法：百会穴，位于最后腰脊骨与第一荐椎之间凹陷处，即腰荐十字部。用圆粒针或小宽针垂直刺入 1.7～2.3cm 深。艾灸归尾、尾归二穴，即在百会穴左右两侧，相距百会 3.3～5cm。先将艾绒用草纸卷成筒状，长 1 指，直径 1.2cm，松紧适中，以便引流，放在煤灯上点燃后，在穴位上捻转 3～5 次即可。一般病例经上述处理后，即可行走。重症者可再行第二次治疗。

十七、其他神经症状、运动障碍类疾病

◆ 猪伪狂犬病

详见第一章中"二、猪伪狂犬病"内容。

◆ 副猪嗜血杆菌病

详见第二章中"六、副猪嗜血杆菌病"内容。

第五章

母猪繁殖障碍类疾病

☞ 一、猪细小病毒病 ☞

　　猪细小病毒病（porcine parvovirus infection，PP）是以引起胚胎和胎儿感染及死亡而母体本身不显症状的一种母猪繁殖障碍性传染病。

　　【流行病学】　　猪是本病的唯一宿主，不同年龄、性别的猪都可感染，初产母猪最为常见。一般呈地方性流行或散发。感染本病的母猪、公猪及污染的精液等是主要的传染源。公猪、育肥猪、母猪主要通过被污染的食物、环境，经呼吸道和消化道感染，还可经胎盘垂直感染和交配感染。近几年的研究发现，PPV 可以与猪圆环病毒混合感染，导致经产母猪细小病毒病的发生率升高，增加断奶仔猪多系统衰竭综合征的发生。

　　【临床表现】　　感染的母猪可能表现为重新发情而不分娩，屡配不孕或产出死胎、弱仔及木乃伊胎等。个别母猪体温升高、后躯运动不灵活或瘫痪，关节肿大或体表圆形肿胀等。

　　【病理剖检变化】　　肉眼可见病猪有轻度的子宫内膜炎变化，胎儿在子宫内有溶解和吸收的现象。皮下充血或水肿，胸、腹腔积有浅红色或浅黄色渗出液。肝脏、脾脏、肾脏有时肿大脆弱或萎缩发暗。典型剖检变化见图 5-1-1 ~ 图 5-1-4。

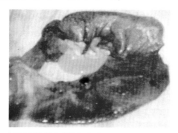

图 5-1-1　母猪流出胎衣包裹着的胎儿（徐有生）

图 5-1-2　母猪产出的死胎和木乃伊胎（徐有生）

图 5-1-3　前期感染的胎儿、胎盘部分钙化胎（林太明等）

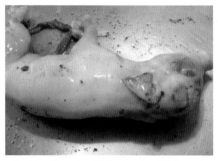

图 5-1-4　死胎皮肤、皮下水肿

【鉴别诊断】 见表 5-1。

表 5-1　与猪细小病毒病的鉴别诊断

病　名	症　状
猪繁殖与呼吸障碍综合征	体温升高，呼吸困难，耳部皮肤发绀。剖检全身淋巴结肿大，脾脏边缘有丘状凸起
猪伪狂犬病	体温升高，口流泡沫，兴奋，站立不稳。剖检见胎盘有凝固样坏死，胎儿的肝脏、脾脏、脏器淋巴结出现凝固性坏死
猪日本乙型脑炎	发病高峰在 7~9 月，体温较高，存活仔猪出现震颤、抽搐等神经症状。剖检脑室有黄红色积液，脑肿胀、出血，脑沟回变浅、出血。公猪单侧睾丸炎
猪布氏杆菌病	母猪流产多发生在第四周至第十二周。阴户流黏性或脓性分泌物。剖检子宫黏膜有黄色小结节，胎膜变厚、呈胶冻样，胎盘有大量出血点。仔猪无神经症状，公猪两侧睾丸肿大
猪衣原体病	仔猪皮肤发绀、寒战、步态不稳、腹泻。剖检出现肺炎、肠炎、关节炎等症状。公猪出现睾丸炎、尿道炎等
猪钩端螺旋体病	主要在 3~6 月流行。皮肤发红，尿黄、茶色或血尿。剖检胸腔、心包黄色积液，心内膜、肠系膜、膀胱出血
慢性霉菌毒素中毒	食欲减退，精神沉郁，步行强拘，离群低头弓背站立，可视黏膜黄疸色。有的皮肤发生紫红斑，发痒、干燥、脱毛，有异嗜癖，后期横卧昏睡，出现神经症状，病程可达几个月

【预防措施】 猪场应坚持自繁自养，在引进种猪时应隔离饲养 15 天，进行猪细小病毒的检测成为阴性方可合群到繁殖母猪舍内饲养。在该病流行区域将血清学阳性母猪放入后备母猪群中，或将后备母猪迁入血清学阳性的母猪群中，从而使后备母猪受到感染获得主动免疫。免疫接种猪细小病毒病疫苗，阴性猪场宜选灭活苗；阳性猪场弱毒苗和灭活苗均可选用，灭活疫苗使用前将疫苗恢复到室温并充分摇匀。剂量按瓶签说明使用，肌内注射，每头份 2mL。弱毒苗注射免疫一次；灭活疫苗接种 2 次，间隔 2 周。种公猪每半年免疫接种一次。初产母猪 5 ~ 6 月龄免疫接种 1 次灭活疫苗，2 ~ 4 周后加强免疫一次；经产母猪于配种前 3 ~ 4 周接种灭活疫苗 1 次。公猪每年免疫接种 2 次。

【治疗措施】

该病无特效治疗方法。

二、猪圆环病毒病

猪圆环病毒病（porcine circovirus infection，PCV）是由猪圆环病毒引起的一种传染病。也是一种能对各种年龄和品种的猪造成多种类型、不同临床症状表现的免疫抑制性传染病。

【流行病学】 本病主要感染断奶后仔猪，主要集中于断奶后 2 ~ 3 周和 5 ~ 8 周龄。病毒可随粪便、鼻腔分泌物排出体外，经消化道感染，也可经胎盘垂直传播。该病毒感染主要表现断奶仔猪多系统衰竭综合征（PMWS），是猪场保育猪成窝、成批发生的严重疫病之一。PCV-2 和 PRRSV、PRV、PPV 等有协同致病作用，它们中的两种或三种病毒感染会产生严重、更为复杂的临床病症。

【临床表现】

（1）猪断奶后多系统衰竭综合征（PMWS） 多发生于 8 ~ 12 周龄的仔猪，病初期消化功能降低，出现食欲不振，随病程的发展而发生进行性消瘦。还会出现被毛无光泽，皮肤苍白或黄染，同时出现呼吸系统症状，持续性或间歇性腹泻。典型临床表现见图 5-2-1 ~ 图 5-2-6。

（2）皮炎肾病综合征（PDNC） 有时与猪断奶后多系统衰竭综合征同时发生或相继发生，主要感染 12 ~ 14 周龄的猪群，散发其他生长猪和育肥猪。感染初期体温升高、食欲不振、呆滞、运动失调和无力。皮肤出现红紫色丘状斑点，由病程进展被黑色痂覆盖然后消失留下疤痕。典型临床表现见图 5-2-7 ~ 图 5-2-11。

图 5-2-1 断奶仔猪聚堆抖颤，瘦弱

图 5-2-2 皮肤苍白、被毛粗乱

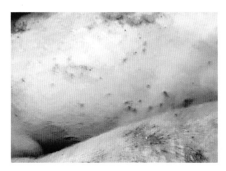

图 5-2-3 皮肤苍白，有疹斑

图 5-2-4 同窝仔猪大小不均，皮肤苍白

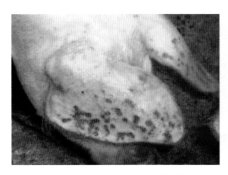

图 5-2-5 病猪耳部形成红色丘疹

图 5-2-6 同日龄保育猪个体大小差异明显（林太明等）

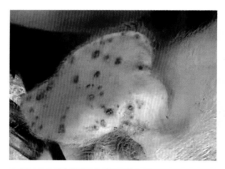

图 5-2-7　耳部皮肤有红斑

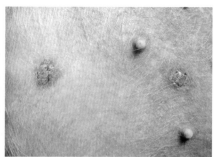

图 5-2-8　皮肤发红，有结痂

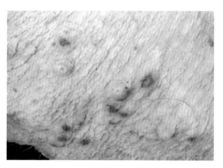

图 5-2-9　腹下有结痂

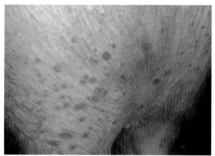

图 5-2-10　臀部皮肤有红斑、结痂

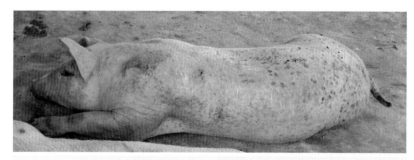

图 5-2-11　病猪厌食，体重减轻，体表丘疹遍布全身

（3）繁殖障碍性疾病　PCV-2 与后期流产及死胎、弱仔相关，死胎或生产中死亡的新生仔猪，表现肝脏充血，心脏肥大衰竭、心肌色泽变浅。

【病理剖检变化】

（1）断奶后多系统衰竭综合征　全身淋巴结不同程度肿大，外观灰白色或深浅不一的暗红色，切面外翻多汁，灰白色脑髓样，可见有小点状坏死灶。典型剖检变化见图5-2-12~图5-2-24。

图 5-2-12 腹股沟淋巴结肿大、苍白、多汁

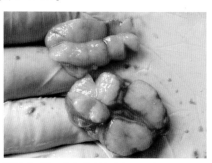

图 5-2-13 淋巴结肿大、苍白

图 5-2-14 皮下黄染

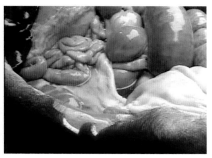

图 5-2-15 腹腔黄色积液

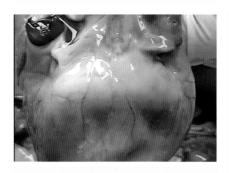

图 5-2-16 心肌变软，心冠脂肪黄色胶样浸润

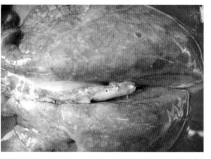

图 5-2-17 肺脏肿大、呈暗红色，小叶间增宽，有散在出血灶

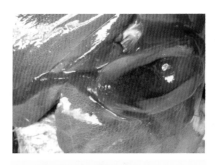

图 5-2-18　肝脏表面有灰白色病灶，胆汁浓稠、呈酱油色，内有残渣

图 5-2-19　脾脏肿大、坏死

图 5-2-20　胃黏膜苍白，幽门周围出血、溃疡

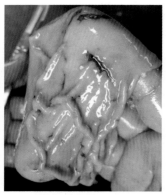

图 5-2-21　胃底条纹状溃疡

图 5-2-22　结肠黏膜出血、淋巴滤泡隆起

图 5-2-23　病猪肠系膜淋巴结肿大

图 5-2-24　关节腔有黏液

（2）**皮炎肾病综合征**　病猪主要病变在泌尿系统，肾脏不同程度的肿大，被膜紧张易剥离，表面呈土黄色，有弥漫性细小出血点，有形状不一、大小不等的灰白色病灶，色彩多样，构成花斑状外观。典型剖检变化见图 5-2-25 ～图 5-2-28。

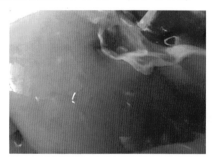

图 5-2-25　白斑肾

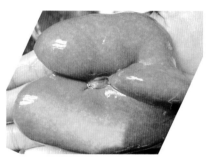

图 5-2-26　花斑肾

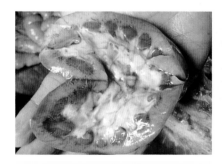

图 5-2-27　肾髓质均匀出血

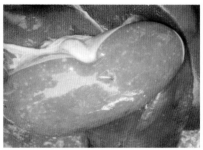

图 5-2-28　肾脏肿大，有白色坏死点（白挨泉等）

【鉴别诊断】　见表 5-2。

表 5-2　与猪圆环病毒病的鉴别诊断

病　名	症　状
猪繁殖与呼吸障碍综合征	群发性高热、耳部、四肢等处皮肤发绀，妊娠母猪出现流产、死胎、木乃伊胎。剖检皮下水肿，胃肠道出现卡他性炎症
猪传染性萎缩性鼻炎	鼻出血，鼻甲骨萎缩、变歪，眼角泪斑。剖检在第一臼齿和第二臼齿剖面可见鼻甲骨萎缩
猪支原体肺炎	不表现消瘦和仔猪震颤。剖检肺脏呈对称性肉变和肝变
仔猪水肿病	眼睑、头部皮下水肿。剖检胃壁水肿、增厚，肠黏膜水肿

【预防措施】

1）疫苗接种能起着积极预防效果，猪圆环病毒 2 型灭活疫苗颈部肌内注射。后备母猪在配种前做两次基础免疫，间隔 3 周；产前一个月加强一次，每头每次 2mL。经产母猪进行跟胎免疫，首次免疫在产前 6～7 周和 3～4 周各免疫一次，每头每次 2mL；以后产前 3～4 周免疫一次，每头每次 2mL；普免可在首次免疫后间隔 3～4 周加强免疫一次，以后每 6 个月免疫一次，每头每次 2mL。仔猪在 2～3 周龄，每头每次 1mL；或 2 周龄每头每次接种 0.5mL，间隔 2～3 周每头每次接种 1mL。种公猪中的后备公猪试配前免疫两次，间隔 3 周，每头每次 2mL，生产公猪每 6 个月免疫一次，每头每次 2mL。

2）加强猪群的饲养管理，减少猪群的应激因素的发生，仔猪的各个养殖生产阶段实行全进全出，实施严格的生物安全措施，将消毒卫生工作贯穿于各个养猪生产环节中。尤其要降低仔猪断奶环节的内、外界应激因素的发生，营养应激是诱发 PMWS 临床症状的重要因素。保障断奶仔猪对营养因子的摄取、体液营养的补饮（如氨基酸多维电解平衡液）。

【治疗措施】　目前尚无好的治疗方法。药物预防主要控制并发和继发感染。发现可疑病猪应及时隔离，做好个体护理并加强消毒，切断传播途径，杜绝疫情传播。

（1）仔猪用药　在 1 日龄、7 日龄和断奶时可肌内注射头孢噻呋钠每千克体重 10mg；断奶仔猪采用每吨饲料中添加替米考星 200～400g（以替米考星计）+ 强力霉素 150～200g 拌料饲喂，或每吨饲料中添加 20% 泰妙菌素 1000g + 20% 氟苯尼考 1000～2000g，连用 7～14 天。每吨饲料中添加泰万菌素100g（以泰万菌素计）+ 强力霉素300g，连用7～14天。上述用药组方使用同时，辅以大量氨基酸多维电解质营养平衡液饮用，补充营养平衡液是调整恢复仔猪自身抵抗力和免疫力的重要措施。

（2）母猪用药 母猪在产前1周和产后1周，每吨饲料中添加泰万菌素100g（以泰万菌素计）+ 强力霉素300g，或者每吨饲料中添加替米考星200～400g（以替米考星计）。以上方案可配合中药扶正解毒散，提升猪体的免疫功能，降低免疫抑制。

根据猪场所处区域猪病疫情，做好猪场的猪瘟、伪狂犬病、猪繁殖与呼吸障碍综合征、猪细小病毒病、副猪嗜血杆菌病、猪支原体病等疫苗的免疫接种。规模化猪场应积极接种猪支原体病疫苗，能更好防控因圆环病毒感染引起的呼吸道病原体继发感染症的发生。

三、猪布氏杆菌病

猪布氏杆菌病（brucella suis disease）是由布氏杆菌属细菌引起的急性或慢性人兽共患传染病。特征是生殖器官和胎膜发炎，引起流产、不育和各种组织的局部病灶。

【流行病学】 本病可感染多种动物，接近性成熟年龄的较为易感，一般呈散发。病猪和带菌猪是主要的传染源，通过精液、乳汁、脓液，流产胎儿、胎衣、羊水等排出体外，主要经消化道感染健康猪，也可通过结膜、阴道、皮肤感染。

【临床表现】 母猪感染后多发生流产，主要发生在妊娠后4～12周。公猪感染后多发生睾丸炎和附睾炎。典型临床表现见图5-3-1～图5-3-4。

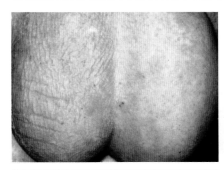

图5-3-1 患病公猪睾丸肿大
（孙锡斌等）

图5-3-2 患病公猪的右侧
睾丸显著肿大

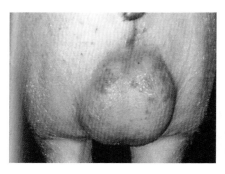

图 5-3-3　病公猪睾丸肿大，
附睾水肿、波动，阴囊斑
点状出血（徐有生）

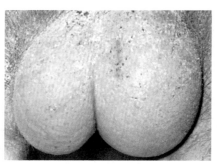

图 5-3-4　病公猪睾丸肿大，右侧
睾丸更明显（徐有生）

【病理剖检变化】　母猪子宫黏膜上散在质地硬实、呈浅黄色的小结节，切开有干酪样物质（布氏杆菌病结节）。子宫壁增厚，内腔狭窄。输卵管也有类似子宫的结节，可引起输卵管阻塞。公猪感染后，睾丸、附睾、前列腺肿大。此外，肝脏、脾脏、肾脏等其他器官也可出现布氏杆菌病结节病变。典型剖检变化见图 5-3-5 ~ 图 5-3-9。

图 5-3-5　病猪死胎、畸形胎和
木乃伊胎（孙锡斌等）

图 5-3-6　流产死胎，胎膜上散
在出血点（孙锡斌等）

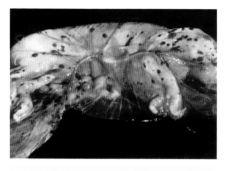

图 5-3-7　流产胎儿及胎膜
严重出血（孙锡斌等）

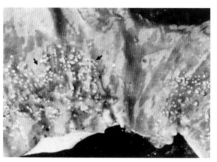

图 5-3-8　病猪胎膜上发生弥漫性、
粟粒大、灰白色坏死灶（孙锡斌等）

图 5-3-9　母猪产出水肿胎儿和木乃伊胎（徐有生）

【鉴别诊断】　见表 5-3。

表 5-3　与猪布氏杆菌病的鉴别诊断

病　　名	症　　状
猪细小病毒病	初产母猪多发。50~70 天感染时出现流产，70 天以后感染能正常生产。剖检胎儿部分钙化，皮下充血或水肿，胸、腹腔积有浅红色或浅黄色渗出液
猪繁殖与呼吸障碍综合征	体温升高，呼吸困难，咳嗽。剖检腹腔有浅黄色积液，木乃伊胎儿皮肤呈棕色
猪日本乙型脑炎	多发于 7~9 月。视力减弱，乱冲乱撞。剖检可见脑室大量黄红色积液，脑回明显肿胀，脑沟变浅、出血，血液不凝固

（续）

病　名	症　状
猪伪狂犬病	震颤，视力消失，出现神经症状。剖检可见流产胎盘和胎儿的脾脏、肝脏、肾上腺和脏器的淋巴结有凝固性坏死
猪钩端螺旋体病	体温升高，黏膜泛黄，眼结膜浮肿、苍白、泛黄，皮肤发红，瘙痒。剖检可见肝脏肿大、呈棕黄色，膀胱黏膜有出血点
猪衣原体病	流产前无症状。剖检子宫内膜出血、有坏死灶，流产胎衣呈暗红色、表面有坏死区域、周围有水肿。公猪出现睾丸炎、附睾炎、尿道炎、包皮炎
猪弓形虫病	病猪高热，耳翼、鼻端出现瘀血斑、结痂和坏死。剖检淋巴结肿大、出血，肺膈叶和心叶间质性水肿、内有半透明胶冻样物质、实质有白色坏死灶或出血点

【预防措施】　外地引猪时，必须检疫，严控病猪混入猪场。定期检疫、发现阳性猪隔离淘汰，做好消毒，做好无公害化处理。阴性猪采用猪布氏杆菌弱毒疫苗进行预防免疫，以后有计划地进行疫苗接种。

【治疗措施】　发现本病最好采用淘汰病猪和菌苗接种相结合的方法来处理。

四、猪钩端螺旋体病

猪钩端螺旋体病（swine leptospirosis）是由致病性钩端螺旋体引起的一种人兽共患和自然疫源性传染病。该病的临诊症状表现形式多样，一般呈隐性感染，急性病例以发热、血红蛋白尿、贫血、水肿、流产、黄疸、出血性素质、皮肤和黏膜坏死为特征。

【流行病学】　我国长江流域和南方各地发病较多。各种年龄的猪均可感染，哺乳仔猪和断奶仔猪发病最严重，中、大猪一般病情较轻，母猪不发病。传染源主要是发病猪和带菌猪。钩端螺旋体可随带菌猪和发病猪的尿、乳和唾液等排于体外污染环境。人感染后，也可带菌和排菌。鼠类和蛙类也是很重要的传染源。钩端螺旋体病通过直接或间接方式传播，主要途径为皮肤，其次是消化道、呼吸道以及生殖道黏膜。通过吸血昆虫叮咬、人工授精以及交配等传播。夏、秋多雨季节为流行高发期。

【临床表现】　猪钩端螺旋体病可分为急性型、亚急性型和慢性型。

（1）急性型　多见于仔猪，特别是哺乳仔猪和保育猪，呈暴发或散发流行。潜伏期 1～2 周。临诊症状表现为突然发病，体温升高至 40～41℃，稽留 3～5 天，病猪精神沉郁，厌食，腹泻，皮肤干燥，全身皮肤和黏膜黄疸，后肢出现神经性无力，震颤；有的病例出现血红蛋白尿，尿液色如浓茶；粪便呈绿色，有恶臭味，病程长可见血粪。死亡率可达 50% 以上。典型临床表现见图 5-4-1 和图 5-4-2。

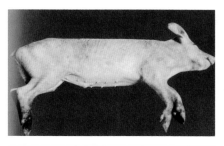

图 5-4-1　全身黄染

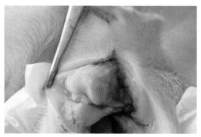

图 5-4-2　皮下黄染

（2）亚急性型和慢性型　主要以损害生殖系统为特征。病初体温有不同程度升高，眼结膜潮红、浮肿，有的泛黄，有的下颌、头部、颈部和全身水肿。母猪一般无明显的临诊症状，有时可表现出发热、无乳。但妊娠不足 4～5 周的母猪，受到钩端螺旋体感染后 4～7 天可发生流产和死产。妊娠后期的母猪感染后可产弱仔，仔猪不能站立，不会吸乳，1～2 天死亡（图 5-4-3）。

图 5-4-3　流产胎儿

【病理剖检变化】

（1）急性型　此型以败血症、全身性黄疸和各器官、组织广泛性出血以及坏死为主要特征。皮肤、皮下组织、浆膜和可视黏膜、肝脏、肾脏以及膀胱等组织黄染和不同程度出血。典型剖检变化见图 5-4-4～图 5-4-6。

图 5-4-4　喉头黄染，点状出血

图 5-4-5 肝脏肿大、黄染

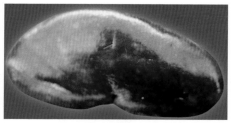

图 5-4-6 肾脏充血、出血

（2）亚急性型和慢性型　表现为身体各部位组织水肿，以头颈部、腹部、胸壁、四肢最明显。肾脏、肺脏、肝脏、心外膜出血明显。浆膜腔内常可见有过量的黄色液体与纤维蛋白。肝脏、脾脏、肾脏肿大。成年猪的慢性病例以肾脏病变最明显。典型剖检变化见图 5-4-7 和图 5-4-8。

图 5-4-7 肾脏肾盂出血

图 5-4-8 膀胱黏膜黄染

【鉴别诊断】　见表 5-4。

表 5-4　与猪钩端螺旋体病的鉴别诊断

病　名	症　状
猪附红细胞体病	体温升高，可视黏膜充血、苍白、黄疸，血液稀薄。剖检皮下脂肪黄染，脏器贫血严重
新生仔猪溶血病	最急性型新生仔猪吸吮初乳数小时后突然呈急性贫血而死亡。急性病例最常见，一般在吃初乳后 24～48h 出现症状，表现为精神委顿，畏寒震颤，后躯摇晃，尖叫，皮肤苍白，结膜黄染，尿色透明呈棕红色。血液稀薄，不易凝固

【预防措施】 做好猪舍的环境卫生消毒工作。及时发现、淘汰和处理带菌猪。搞好灭鼠工作，防止水、饲料和环境受到污染；禁止养犬、鸡、鸭。在有本病的猪场可用灭活菌苗对猪群进行免疫接种。

【治疗措施】

1）发病猪群应及时隔离和治疗，对污染的环境、用具等应及时消毒。

2）可使用 10% 氟甲砜霉素（每千克体重 0.2mL，肌内注射，每天 1 次，连用 5 天）、磺胺类药物（磺胺-5-甲氧嘧啶，每千克体重 0.07g，肌内注射，每天 2 次，连用 5 天）对发病猪进行治疗；病情严重的猪可用维生素 C、葡萄糖进行输液治疗；每千克体重肌内注射链霉素 20～70mg，12h 1 次，连用 3～5 天。或每千克体重用多西环素 20mg 拌于饲料喂食，连用 7 天。

3）感染猪群可用土霉素拌料（每千克体重 0.75～1.5g），连喂 7 天，可以预防和控制病情的蔓延。妊娠母猪产前 1 个月连续用土霉素拌料饲喂，可以防止发生流产。

五、母猪子宫内膜炎

母猪子宫内膜炎（endometritis）是指子宫黏膜及黏膜下层受到刺激或感染而发生的黏液性或化脓性炎症。主要特征是发情不正常，发情后不易受孕，受孕的易发生流产。

【流行病学】 本病发生的主要原因是母猪在分娩、难产、产褥期由于抵抗力下降感染细菌引起发病。此外，流产或难产时滞留在子宫内的胎衣、血污等通过腐败和液化刺激子宫内膜也可引起发病。母猪运动不足、过度消瘦、缺乏青绿色饲草等因素使抵抗力下降，在分娩后也会引起子宫内膜炎。该病是母猪常见的一种生殖器官的疾病，一般为散发，有时呈地方流行性。

【临床表现】

（1）急性型 病猪全身症状明显，表现食欲减退或废绝，体温升高，频繁努责，阴道流污红腥臭分泌物，不愿哺乳。典型临床表现见图 5-5-1～图 5-5-4。

（2）慢性型 病猪全身症状不明显，阴户周围有灰白色、黄色或暗红色分泌物，发情不正常，屡配不孕，即使受胎也发生流产或死胎，逐渐消瘦。

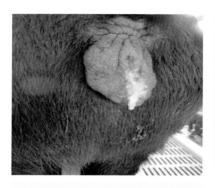

图 5-5-1　母猪产后产道流白色脓汁

图 5-5-2　发情期阴道流出脓性分泌物（白挨泉等）

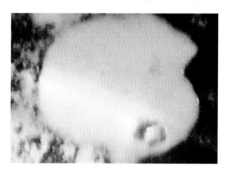

图 5-5-3　脓性分泌物（白挨泉等）

图 5-5-4　妊娠母猪流产

（3）隐性型　母猪的体征无异常，是指子宫形态上无明显变化，发情也正常，发情时可见从阴道内排出的分泌物较多（非清亮透明、略有浑浊），配种受精率、受胎率偏低。

【鉴别诊断】　见表 5-5。

表 5-5　与母猪子宫内膜炎的鉴别诊断

病　名	症　状
猪布氏杆菌病	阴唇、乳房肿胀，多在预产期前流产，同时公猪有睾丸炎和附睾炎
阴道炎	阴道可视黏膜创伤、肿胀或溃烂
产褥热	体温升高，阴户流出褐色、恶臭的分泌物
流产	未到预产期便排出胎儿，体温不升高，不排腥臭的分泌物

【预防措施】　加强对妊娠母猪的饲养管理，增加青绿饲料，使其适当运动，保持健康体质。

猪舍要定期消毒，保持地面干燥清洁，尤其配种舍和分娩舍，临产时产房、产床、母猪全身清洁消毒，母猪阴户消毒彻底。发生难产时，避免人工助产引起产道损伤，降低细菌感染风险。人工授精或自然交配时，严格按照操作规程操作。

【治疗措施】　猪慢性子宫内膜炎以在发情期冲洗清除子宫腔内炎性分泌物为宜。生殖道有损伤的病例，或伴有严重全身症状的病猪，严禁冲洗子宫。应采用抗菌药物进行全身抗菌消炎的同时将抗生素或消炎药物注入子宫腔内，待炎症消失后再进行清洗。

1）子宫清洗常用0.1%高锰酸钾溶液或0.02%新洁尔灭溶液、5%聚维酮碘、3%双氧水（过氧化氢溶液）或0.2%百菌消等500～1000mL，用灌肠器或一次性输精器反复冲洗，清除滞留在子宫内的炎性分泌物，然后用生理盐水再冲洗一次，每天冲洗一次，清洗导净之后可采用子宫内投药，连续3天。

2）子宫内投药可选用青霉素、链霉素、林可霉素、新霉素等药物溶解入90mL的0.9%生理盐水＋10mL的碳酸氢钠及40国际单位的缩宫素混合液中，或注射氯前列烯醇0.2mg，进行一次性给药，每天一次，连用3～5天，不见好转者淘汰。

3）当发生急性子宫内膜炎出现全身症状、病猪体温升高时，可用阿莫西林、头孢噻呋钠、喹诺酮类、磺胺类等配合链霉素、甲硝唑、安乃近、地塞米松磷酸钠、维生素C、碳酸氢钠、0.9%生理盐水静脉滴注，待症状好转时给予子宫清洗。治疗时，进行全身治疗，要重视子宫内分泌物的排出。

六、乳腺炎

乳腺炎（mastitis）是由各种致病因素侵害乳腺而引起乳腺发炎的一种常见病。常见于母猪生产前后，多发生于产后5～30天内，以不让仔猪吮乳为特征。

【流行病学】　引起本病发生的主要原因是母猪腹部受到损伤、乳头与地面摩擦或仔猪争奶等因素造成乳头发生创伤，使微生物通过淋巴管，经血管侵入乳房组织。此外，母猪患子宫内膜炎时，易诱发乳腺炎。

【临床表现】　患病母猪乳房肿胀，病初发红，逐渐变紫，质地变硬，不让仔猪吃奶。奶汁含有絮状物，多呈灰褐色或粉红色，有时混有血液。体温升高、食欲减退或废绝。严重时肿硬，乳房分泌黄稠或水样脓汁。典型临床表现见图5-6-1～图5-6-4。

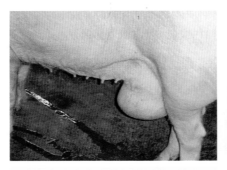

图 5-6-1　母猪乳房肿胀
（林太明等）

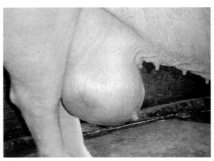

图 5-6-2　乳房红肿，表面有少量
溃疡（林太明等）

图 5-6-3　母猪乳房瞎乳，
泌乳量减少

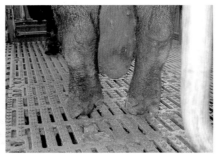

图 5-6-4　母猪乳腺炎，
胎衣排出迟缓

【预防措施】

1）根据母猪的膘情科学饲喂，控制好补饲的饲料质量、数量、补饲方法、补饲时间，掌控母猪的泌乳量和仔猪吮乳量的平衡。

2）保持母猪圈舍的地面和放牧场所及褥草的清洁卫生，分娩后注意乳房和乳头的清洁，观察有无创伤。

【治疗措施】　治疗时可用碘酊涂擦伤口；如发生急性炎症肿胀时可用硫酸镁溶液温敷；若体温升高，用青霉素和链霉素消炎、安乃近降低体温。

（1）**全身疗法** 采用抗菌消炎药物，常用青霉素、链霉素、庆大霉素、林可霉素、恩诺沙星及磺胺类药物，肌内注射，连用 3～5 天，青霉素＋链霉素，或青霉素＋新霉素联合使用治疗效果更佳。若体温升高，辅以地塞米松磷酸钠、安乃近降低体温。

（2）**局部疗法** 针对慢性乳腺炎时，将乳房洗净擦干后，选用鱼石脂软膏、樟脑软膏、5%～10% 碘酊，将药涂擦于乳房患部皮肤，或用温毛巾热敷。另外，乳头内注入抗生素。在用药期间，吃奶的乳猪应人工哺乳，减少母猪的刺激，乳猪免受奶汁的感染。急性乳腺炎，选用普鲁卡因青霉素注射液进行乳房基部环形封闭，每天一次。

（3）**外科手术法** 化脓性乳房脓肿形成，变软时尽早切开，施外科感染处置。注入 0.1% 高锰酸钾液冲洗或 3% 双氧水（过氧化氢溶液），用浸泡 0.25% 雷夫诺耳溶液的纱布条塞入切口腔内引流，并注入 80 万单位青霉素。

☞ 七、母猪无乳综合征 ☞

母猪无乳综合征（sow agalactia syndrome）是母猪产后常发病之一，遍及全球，临床上以少乳或无乳、厌食、沉郁、昏睡、便秘、无力为特征。

【流行病学】 能够引起母猪无乳综合征的因素很多，主要是应激、传染病、内分泌失调、饲养管理不当、营养不良等因素。此外乳腺发育不全、低钙症、自身中毒、运动不足、难产等因素也会引发本病。猪隐性传染性乳腺炎也是导致该病发生的重要病因。

【临床表现】 患病母猪主要表现食欲不振、饮水极少、心跳和呼吸加快、昏迷。体温升高，随后出现毒血症。乳腺及周围组织变硬，乳腺逐渐退化、萎缩。乳汁分泌下降、发黄、浓稠。典型临床表现见图 5-7-1～图 5-7-3。

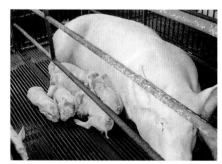

图 5-7-1 母猪伏卧，拒绝哺乳
（林太明等）

图 5-7-2　母猪食欲废绝，挤压乳头无乳，仔猪消瘦、腹泻（林太明等）

图 5-7-3　仔猪饥饿，叨着乳头不离开（林太明等）

【病理剖检变化】　可见乳腺小叶出现浮肿，乳房淋巴结肿大、出血、充血，子宫松弛，子宫壁水肿，子宫腔内有液体，可见急性子宫内膜炎，卵巢变小，肾上腺肥大。

【鉴别诊断】　见表 5-6。

表 5-6　与母猪无乳综合征的鉴别诊断

病　　名	症　　状
乳腺炎	发病多局限在 1 个或 2 个乳区，不发病的泌乳正常，乳汁脓性
子宫内膜炎	常努责，粪便污红、腥臭，含有胎衣碎片
母猪分娩后便秘	体温不高，食欲废绝，奶少，通便后泌乳恢复正常

【预防措施】　加强母猪妊娠后期的饲养管理，饲料营养均衡。不要在分娩前后更换饲料，避免应激因素的出现，保持猪舍清洁干燥，空气流通。临产前多给饮水和饲喂多汁饲料，让母猪适当运动，避免产程过长或便秘的发生。

【治疗措施】　治疗时可用前列腺素、青霉素等药物，治疗期间让仔猪吮吸乳头，刺激泌乳。

1）早发现早治疗是关键。泌乳不足时，可肌内注射催产素 5～20 国际单位，每天 4～6 次，连用 2～3 天；肌内注射恩诺沙星每千克体重 2.5mg + 鱼腥草注射液 20mL，每天 1～2 次，连用 2～3 天。

2）严重患病母猪可用 10% 葡萄糖 500mL、复方氯化钠 500mL、氨苄西林钠 3～5g、维生素 C 10～20mL、复合维生素 B 10～20mL、安钠咖 5～10mL，合理配伍混合注射，每天 1 次，连用 2～3 天。静脉、肌内或皮下注射10%布他磷2.5～10mL，每天1次，连用3天。

3）乳猪采取寄养或用代乳品人工哺乳。母猪发生便秘，可注射甲基硫酸新斯的明注射液和用10%甘油液灌肠等。

八、母猪难产

母猪难产（sow dystocia）是指母猪在分娩过程中，分娩过程受阻，胎儿不能正常排出。母猪难产的发生取决于产力、产道及胎儿3个因素中的一个或多个。主要见于初产母猪、老龄母猪。

【流行病学】　母猪难产的原因如下：

（1）**母猪产力不足**　原发性子宫收缩微弱是由于内分泌因素，饲料营养不足、运动不足及过度肥胖或瘦弱等引起。疾病因素继发性子宫收缩微弱是由于胎位不正和产道堵塞使分娩延长导致子宫和母体衰竭而引起。

（2）**产道因素**　膀胱膨胀、粪便秘结、阴道瓣坚韧、阴门血肿、反复助产引起的生殖道水肿以及先前的骨盆挫伤和骨盆处脂肪过多等因素都可阻碍胎儿排出而引起难产。

（3）**胎儿因素**　胎儿过大、分娩胎位不正、胎儿畸形时，母猪都可能会发生难产。

【临床表现】　产程超过4h。阴部充血、肿胀，流有黏液和少量血液及胎粪，食欲减退、乳房膨大、发红、漏出乳汁。母猪超过预产期限仍没有努责反应，或频频阵缩和努责，腹肌收缩而频频举尾，但不见胎儿产出。先前有努责并产出一头或几头仔猪后分娩中止。母猪反复起卧，或在猪舍内徘徊。极度不安、陷于疲倦，而横卧于地并呈现疼痛。典型临床表现见图5-8-1和图5-8-2。

图 5-8-1　**母猪难产1**

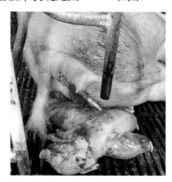

图 5-8-2　**母猪难产2**

【预防措施】 预防母猪难产，应严格选种选配，发育不全的母猪应缓配，同时加强妊娠期间的饲养管理，适当加强运动，注意母猪健康状况，加强临产期管理，发现问题及时处理。

【治疗措施】 母猪发生难产时，先将该母猪从限位栏内赶出，在分娩舍过道中驱赶运动约10min，以期调整胎儿姿势，此后再将母猪赶回栏中待产。

（1）一般措施

① 对于胎儿过大或母猪产道狭窄，使胎儿难于顺利通过骨盆的难产（多见于初产母猪），助产时如果产道干燥，可将油类（如液状石蜡）灌入产道后，手伸入拖出胎猪。

② 对于因子宫收缩无力而造成的难产（多见于分娩时间延长的老弱母猪），检查子宫颈已开、产出没有障碍时，可静脉、肌内或皮下注射垂体后叶素 20～40 单位，静脉注射时用 5% 葡萄糖液稀释，或先肌内注射雌二醇 50～100mg，2～4h 之后再肌内注射催产素 30～50 国际单位。必要时可重复使用。

③ 对于因胎位不正引起的难产，可将手伸入产道矫正胎位助产。正常的胎位是头朝阴门腹朝下，两肢前伸夹紧头部，似跳水姿势。

（2）药物催产 初始可肌内注射氯前列烯醇钠注射液 0.1～0.2mg。确认产出第一胎后，即可用药物催产。但必须注意的是：母猪子宫颈未张开、骨盆狭窄以及产道有阻碍时，不能注射催产素。催产素即缩宫素是首选药，建议每隔 20～30min 肌内或皮下注射 30～50 国际单位缩宫素。为了提高缩宫素的药效，可选择性使用雌激素，即在用缩宫素前预先肌内注射雌二醇 50～100mg。

（3）人工助产 一般找一个手比较小的工作人员，剪短指甲，除去指甲边缘的积垢并磨光指甲边缘，用 0.1% 高锰酸钾溶液浸洗手掌、手臂和母猪外阴部，手掌、手臂涂上肥皂或液状石蜡，五指并拢呈圆锥状慢慢旋转伸入母猪产道内，母猪努责时停止伸入，检查引起难产的原因。助产牵拉切不可用力过猛，以免损伤母猪产道或引起产道脱出。

① 徒手牵拉法：助产人员手臂慢慢伸入母猪产道，摸清楚仔猪胎位，当仔猪正生时四指卡住仔猪的二耳缓慢牵引，也可用拇指和中指抠住仔猪眼眶或用拇指和食指拈紧仔猪下颌下间隙部缓慢牵拉。当仔猪倒生时，可用拇指、食指和中指握住仔猪两后肢慢慢牵拉出仔猪。如果胎位不正，可先矫正仔猪胎位，然后牵拉。如果两头牵拉同时进入产道，可先将一头推

向里面，然后按上述方法助产。

②器械助产法：一般用产科钩和牵引绳，避免仔猪受伤死亡和损伤母猪产道，应有临床经验者操作。产科钩可根据母猪难产的程度临时制作，铁丝一端弯一个小钩，直径 0.5cm 左右，长 40cm 左右。助产时，将产科钩置于手掌用拇指、食指和中指捏住，手呈圆锥状慢慢旋转伸入母猪产道内，用拇指和食指把产科钩钩住仔猪眼眶或下颌骨间隙牵引。产科绳一端系一活套，用拇指和食指捏住一同伸入产道，然后套住仔猪上颌骨或前肢（正生）、后肢（倒生）缓慢牵拉。助产时牵拉最好和母猪努责同时进行。

③助产后母猪护理：助产结束后肌内注射或子宫内放置抗菌消炎药，用一次性输精管吸取 0.1% 高锰酸钾溶液冲洗，每天一次，连用 3~5 天。

（4）死胎性难产处理方法　对极少数接近分娩期或超过分娩期时间较长，且阴户连续流出恶露的临床有分娩征兆和表现的母猪，用输精管连接注射器向母猪子宫腔内注入浓度为 1%~3%、温度 36~38℃ 的盐水，直至食盐水从母猪阴户流出，然后配合使用催产素。20h 后，母猪子宫内容物就能排出。但必须注意的是：母猪子宫颈未张开，骨盆狭窄以及产道有阻碍时，不能注射催产素；产后 5 天内，每天需肌注青霉素与链霉素 3~4 支，以防生殖道出现炎症。

（5）剖宫产　使用上述方法无效时，可考虑剖腹取胎。

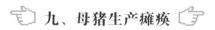

九、母猪生产瘫痪

母猪生产瘫痪（sows paralysis）又称母猪瘫痪，包括产前瘫痪和产后瘫痪，是母猪在产前产后，以四肢肌肉松弛、起卧困难、四肢瘫痪为特征的急性神经障碍性疾病。

【流行病学】　确切病因尚未充分阐明，一般发病原因包括以下三种：

1）母猪生产力高，产仔多，泌乳力强，母猪体内钙质吸收减少的同时又被大量消耗后，钙代谢急剧失调没有得到及时补充。

2）母猪日粮精料中的谷和豆类过多，营养不平衡，钙磷严重不足，或者钙磷比例失调，影响钙磷的吸收利用。

3）缺乏维生素 D 影响钙的吸收。

【临床表现】

（1）母猪产前瘫痪　长期卧地，后肢起立困难，检查局部无任何病理变化，知觉反射、食欲、呼吸、体温等均无明显变化，强行起立后步态不稳，并且后躯摇摆，终至不能起立。

（2）母猪产后瘫痪 见于产后数小时至 2～5 日内，也有产后 15 天内发病者。病初表现为轻度不安，食欲减退，体温正常或偏低，随即发展为精神极度沉郁，食欲废绝，呈昏睡状态，长期卧地不能起立。反射减弱，奶少甚至完全无奶，有时病猪伏卧不让仔猪吃奶。典型临床表现见图 5-9-1～图 5-9-3。

图 5-9-1 母猪产后卧地不起

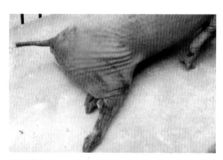

图 5-9-2 母猪产后瘫痪，后肢无力（林太明等）

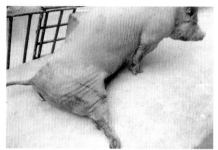

图 5-9-3 母猪后肢无力，站立困难（林太明等）

【鉴别诊断】 见表 5-7。

表 5-7 与母猪生产瘫痪的鉴别诊断

病 名	症 状
钙磷缺乏症	卧地不起，食欲废绝，多发生在产后 20～40 天
腰椎骨折	不确定是在产前还是产后发病，多有驱赶急转弯活动时因腰椎骨折随即瘫卧，腰椎有痛点，针刺痛点前敏感，而后方无知觉，停止排粪尿

【预防措施】 首先要加强母猪妊娠期和哺乳期的饲养管理。妊娠后期观察母猪的全身体征，尤其皮颤症状的出现也是钙缺乏的指证。合理

调配饲料，力求日粮营养平衡。妊娠母猪和哺乳母猪每头每天喂给骨粉、食盐各20g。利用含磷较高的麦麸、米糠和含钙较高的甘薯藤等青粗饲料喂猪，对防治母猪瘫痪也有良好效果。

【治疗措施】　早发现早治疗愈后良好，本病的治疗方法是钙疗法和对症疗法。

1）静脉注射10%葡萄糖酸钙溶液200mL，或氯化钙20～50mL，每天一次，连用3～7天。静脉注射速度宜缓慢，不要让药液渗漏到血管外，同时注意心脏情况，注射后如效果不见好转，6h后可重复注射，但最多不得超过3次。如已用过3次糖钙疗法病情不见好转，可能是钙的剂量不足，也可能是其他疾病。宜用15%～20%磷酸二氢钠溶液100～150mL静脉注射，或者与钙制剂交换使用。重症猪补注三磷酸腺苷（ATP）、肌苷和维生素C，肌内注射10%安钠咖10mg、维生素B_1 10～20mL、维生素D_3 1000国际单位，每天一次。

2）肌内注射维生素D_3 5mL，或维丁胶钙10mL，每天1次，连用3～4天。肌内注射或皮下注射10%布他磷2.5～10mL，每天1次。

3）在治疗的同时，病猪要喂适量的骨粉、蛋壳粉、碳酸钙、鱼粉。

十、母猪产前产后厌食

母猪产前产后厌食（sow prenatal and postnatal anorexia）在各种规模的猪场中一年四季均可见到，到了夏季明显呈高发态势。由此引起的难产、乳质变差、少乳甚或无乳也明显增多，进而导致产死胎、产弱胎、仔猪下痢、仔猪死亡率高、断乳窝重降低、仔猪整齐度变差、母猪断乳后发情障碍等。

【流行病学】　引起母猪分娩前后厌食症的病因很多，包括母猪产前、产后未合理控料，产后饲料饲喂食量无序；钙磷代谢障碍；妊娠母猪营养方案不合理，母猪过肥；水供应不足；饲料或饲料原料霉变；舍内高温、空气污秽；母猪便秘；内分泌系统失调、泌尿生殖系炎症；一些传染病因素以及不良的环境与管理因素等。

【临床表现】　主要表现为母猪卧伏，饮水量增加，采食量减少，体态逐渐消瘦，体温偏高，通常在38～40℃之间，病猪便秘，腹吊，被毛粗乱，乳房干瘪，奶水分泌减少，尿液呈黄褐色，眼结膜潮红或黄染，呼吸困难，粪便干燥。如发现或治疗不及时，母猪病情会逐渐加重，瘫痪。母猪产后1～2周爱舐食、啃咬或吞食各种异物，如墙土、砖头、瓦片、栏杆、泥土等，或相互啃食被毛，厌食症病程长。典型临床表现见图 5-10-1 和图 5-10-2。

图 5-10-1　母猪产前厌食，料槽
内积存大量饲料

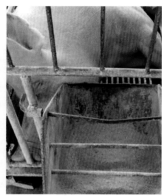

图 5-10-2　母猪产后厌食，
料槽积料

【预防措施】

（1）**增加母猪产前饲料粗纤维含量**　母猪产前整个饲养过程一定要在饲料上合理搭配，饲料粗纤维含量在 8%～16% 之间。

（2）**母猪产前预防便秘**　母猪在产前一个月左右，适当饲喂人工盐缓泻，改善胃肠功能。

（3）**调整母猪产前、产后喂料量**　依据妊娠母猪的膘情增减日粮的摄入，同时添加饲料内 1% 碳酸氢钠（小苏打）。产后逐渐增加饲喂量，24h 内给料量大约 1.5kg，以后每天增加 1kg，直至正常采食。

（4）**母猪生产过程中饲喂糖盐水**　饮水添加 1% 食盐和 2% 葡萄糖，适当添加氨基酸电解多维。

（5）**做好圈舍的消毒**　产床定期冲洗消毒，创造适宜的环境，减少应激，保证母猪有一个舒适清洁的环境可预防母猪产后厌食症的发生。

（6）**高温季节注意降温**　高温季节母猪厌食症发生频率高，应该在采取以上措施的同时积极降温，采取纵向负压通风配水帘降温、滴水降温、水雾降温、舍内加装风扇增加风速等。

【治疗措施】　治疗需查找到病因，采取有针对性的治疗措施。

1）麸皮 100g，白糖 50g，加 2～3 倍凉开水，搅拌均匀后，待麸皮多数沉底、白糖完全溶化后，将泡好的麸皮水用盆盛好，放于猪嘴边，让其舔食。如果病猪开始舔食，往往会逐步恢复食欲。在病猪食欲恢复过程中可以逐步少量往麸皮中添加饲料，直到病猪食欲恢复。

2）对于厌食严重的病猪，添加青饲料首选鲜嫩多汁、大叶植物，比如麦菜类的叶子或去皮西瓜。将青饲料浸泡在冷水里（水中加5%白糖），用盆装好连水一起放在母猪嘴边。一次饲喂三五片青绿叶子，少添勤喂。

3）上述两个方法可以每次静脉或肌内注射10%布他磷2.5～10mL，配合每天肌内注射5mL复合维生素B和维生素C，或直到病猪食欲恢复。

4）对便秘严重的病猪用肥皂水灌肠，促使宿便排出。

5）高温季节母猪厌食症发生率高，选用促进食欲、改善胃肠消化功能的微生态制剂。

十一、母猪子宫脱出

母猪子宫脱出（sow uterine prolapse）是指母猪一侧或两侧子宫角全部脱出于阴门之外。常发生于产后数小时以内。猪的子宫生理解剖结构和生理特点上引起子宫脱出少见，多见于阴道脱出。阴道脱出是指阴道一部分或全部凸出阴门之外。有些母猪在产后会出现子宫脱出与阴道脱出的症状，如果不及时救治，会使母猪体温升高、发炎，严重时甚至发生死亡。

【流行病学】 母猪饲养管理不当，如饲料中缺乏蛋白质及无机盐，或饲料不足，造成母猪瘦弱，多次经产的老母猪全身肌肉弛缓无力，阴道固定组织松弛。猪舍狭小，运动不足，妊娠末期经常卧地，或发生产前截瘫，可使腹内压增高。此时子宫和内脏共同压迫阴道，而易发生此病。此外，母猪剧烈腹泻而引起的不断努责，产仔时及产后发生的努责过程，以及难产时助产抽拉胎儿过猛，均易造成阴道脱出和子宫脱出。

【临床表现】

（1）子宫内翻 病猪站立时常拱背，举尾，频频努责，做排尿姿势，有时排出少量粪尿。用手伸入产道，可摸到内翻的子宫角凸入子宫颈或阴道内。病猪卧下时，有时可以发现阴道内凸出红色的球状物。

（2）子宫全脱 常常是两个角翻转脱出，脱出的子宫角像两条粗的肠管，上有横的皱褶，黏膜呈紫红色，血管易破裂而出血。子宫脱出时间稍久，黏膜瘀血、水肿、呈暗红色，极易破裂出血。若患猪侧卧，黏膜上沾有草末、粪便、泥土，母猪极易感染，而表现出严重的全身症状，发现过晚，治疗不及时，或治疗不当，可引起死亡。典型临床表现见图5-11-1。

（3）**阴道不全脱出**　母猪卧地后阴门外凸出鸡蛋大或更大些的红色球状物，而在站立后脱出物又可缩回，随着脱出的时间拖长，脱出部逐渐增大，可发展成阴道全脱。典型临床表现见图5-11-2和图5-11-3。

（4）**阴道全脱**　不论站立还是卧地都不能自复。有时此病也伴发直肠脱出。若不及时治疗，常因脱出部暴露于外界过久，而出现瘀血、水肿、损伤、发炎及坏死。典型临床表现见图5-11-4。

图5-11-1　子宫完全脱出

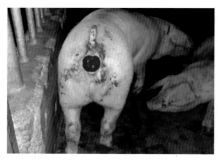

图5-11-2　阴道不全脱出

图5-11-3　母猪产前阴道脱出

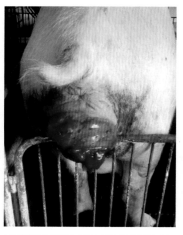

图5-11-4　阴道完全脱出

【预防措施】 妊娠后期的母猪要加强饲养管理，饲料中要含足够蛋白质、无机盐及维生素。不要喂食过饱，以减轻腹压。每天要让母猪适当地运动，以增强母猪的体质。

【治疗措施】 当发现母猪阴道脱出或子宫脱出时，首先用生理盐水冲洗脱出的阴道或子宫，切勿擦伤或踏伤，再用清洁消毒的湿毛巾或纱布将其包好，采取前低后高姿势，用手推还，为防止再脱可缝合阴门。通常建议淘汰子宫脱出的母猪。

（1）整复前的准备 为了有利于整复，须将母猪仰卧缚在梯子上，然后使梯子斜立成 $45° \sim 60°$ 角，使头朝下，或者固定好两后肢后，将绳子通过高处的横木，用力拉绳吊起后躯，直至后肢离地为止，整复前用 0.1% 高锰酸钾，或 0.1% 新洁尔灭溶液冲洗子宫，除去污物和胎衣。水肿严重者可用 3% 明矾冲洗，子宫黏膜的小损伤应涂以 2% 碘酊，较大和较深的创口应缝合。若患猪频频努责，可肌内注射 10mL 安乃近；或施行硬膜外腔麻醉，抑制努责。

（2）整复方法 整复方法是先从靠近阴门的部分开始，将阴道送入阴门内，再依次送子宫颈、子宫体及子宫角，最后把脱出的子宫全部推进骨盆腔。如未完全使之恢复原位，应注入灭菌溶液 2000 ~ 4000mL，另加入青霉素，以使子宫角恢复为原位。为了防止再脱，可用粗线在阴唇两侧结扎，一般 7 天后即可拆线。整复后肌内注射青霉素，连注 3 ~ 5 天。同时阴门组织用药物封闭，可选用 75% 医用酒精 40mL 或 0.5% 普鲁卡因 20mL，在阴门两侧部位分两点注射封闭。如脱出的子宫已发生穿孔，创口感染严重，应果断淘汰。

十二、母猪发情困难与返情

猪的发情周期平均为 21 天，繁殖母猪发情期进行配种后没有妊娠的现象称为返情。返情率的增加，会导致配种分娩率降低，影响母猪的生产性能。

【流行病学】 母猪发情困难与品种、公猪刺激、季节、营养和管理有关。在 6、7、8、9 月断奶的繁殖母猪乏情率受气温高的影响降低 20%。饲料营养元素高低不均衡、发霉变质、棉籽粕等原料抑情因子，饲喂方式、饲养环境差、饲养密度不合理使猪缺乏运动，繁殖障碍性疾病感染、慢性霉菌毒素的侵害，先天性生理机能异常，后备母猪个体营养水平过高、生长速度过快等均能引起返情。

母猪返情主要有两个原因：一是受精失败的原因，包括发情鉴定方法不系统、配种操作不当、配种不卫生、公猪精液质量不合格、母猪生殖系统问题；二是胚胎死亡的原因，包括配种后饲养管理不当（引起返情的重要原因），环境温度过高导致热应激或温度过低及湿度过高，繁殖障碍性疾病的发热和流产（细小病毒、繁殖与呼吸障碍综合征病毒、伪狂犬病毒、流感病毒、日本乙型脑炎病毒、布氏杆菌感染等），不合理的合栏、调圈、运输、免疫等应激因素，饲料的微量元素的缺失、饲料霉变、营养失衡等品质因素。

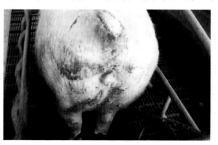

图 5-12-1　母猪产道流白色浓汁（林太明等）

【临床表现】　经产母猪在断奶后 15 天仍不出现发情表现。性欲减退或缺乏，长期不发情，排卵失常，屡配不孕及多次返情。典型临床表现见图 5-12-1 ~ 图 5-12-3。

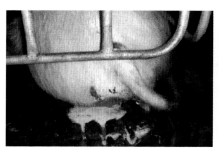

图 5-12-2　母猪产后排出大量白色浓汁（林太明等）

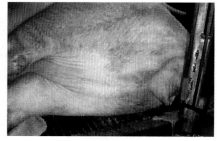

图 5-12-3　母猪恶露（林太明等）

【预防措施】

（1）**提供合格的精液**　对精液的品质进行物理性状检查，确保精液质量合格。同时，在高温季节做好防暑降温，向饮水中添加抗应激药、营养素等措施，保障公猪精液品质。

（2）**提高配种技术**　做好技术人员培训学习，做发鉴定和记录、输情时机判断、母猪稳定情况评定、输精等技术。

（3）**做好猪舍环境卫生**　进行猪舍定期消毒、清洁卫生，减少病原微生物的滋生环境。

（4）**做好种母猪保健管理和疫病预防**　做好早期疾病预防控制，尤其根据区域疫情动态做好猪瘟、猪伪狂犬、繁殖与呼吸障碍综合征病毒、猪细小病毒、日本乙型脑炎病等影响母猪繁殖障碍疾病疫苗预防接种。减少细菌感染机会，特别是人工助产、人工授精、产后护理过程中，发现母猪子宫炎症，应及时治疗。

（5）**提高饲料质量**　合理调配母猪配种期营养水平，杜绝饲喂霉变饲料，后备母猪禁喂棉籽粕或豆饼饲料。配种前后一段时间，尤其是配种后母猪的营养水平和精细化管理是保证母猪受胎和产仔多少的关键因素。适当补充青绿饲料，加入电解多维，以补充维生素的不足。

（6）**及时淘汰**　对先天性生殖器发育不良或畸形的应及时淘汰。

【治疗措施】　在防控消除生殖器官原发炎性疾病的基础上，改善饲养管理是治疗此类疾病的根本措施。

（1）**加强饲养管理**　优化饲喂方式、强化母猪运动、加强光照、合理密度、净化环境卫生。调整母猪营养；因过肥而不孕时，首先要减少精料，增加青绿多汁饲料的喂给量。相反，如营养不足，躯体消瘦，性机能减退，则应调节精料比例，加喂含蛋白质、无机盐和维生素较丰富的饲料来促进母猪发情。

（2）**公猪催情**　利用公猪来刺激母猪的生殖机能。通过试情公猪与母猪经常接触，以及公猪爬跨等刺激，或截留种公猪尿液与水 1:10 稀释给可繁母猪喷鼻，连用 3 天。或公猪精液按 1:3 稀释后，取 1～3mL 喷于母猪鼻孔内，一般 24h 内发情。

（3）**中草药催情**　拌料催情散 60g，连喂 3 天。或与发情猪混养。

（4）**按摩乳房**　此法不仅能刺激母猪乳腺和生殖器官的发育，而且能促使母猪发情和排卵。按摩方法可分表面按摩和深层按摩两种。

（5）**隔离仔猪**　母猪产仔后，如需在断乳前提早配种，可将仔猪隔离后 3～5 天母猪即能发情。或按体重大小取红糖 500g，在锅内加热熬焦，再加适量水煮沸拌料，连喂 2～7 天，母猪食后 2～8 天即可发情。静脉、肌内或皮下注射 10% 布他磷 2.5～10mL，每天 1 次。

（6）**激素催情**　肌内注射 100 万～150 万国际单位注射用垂体促卵泡素，每天 1 次，2～3 次为一疗程。母猪 1 次可肌内注射氯前列烯醇 0.2mg，24～48h 后肌内注射孕马血清 1000 国际单位，一般可于注射后 1～3 天内出现发情。或肌内注射三合激素溶液 2mL，每天 1 次，连用 2～3 天，3～5

天内发情，与配种前 8～12h 肌内注射促排卵素 3 号。或每次肌内注射苯甲酸雌二醇 3～10mg，间隔 24～48h 可重复注射 1 次。或肌内注射孕马血清 1000 国际单位＋绒毛膜促性腺激素 1000 国际单位（间隔 70～80h 重复注射），注射后第二天发情配种。

（7）防止假孕　检测饲料中玉米赤霉烯酮是否过量，以免造成假孕。添加维生素 E 400～600mg，每天饲喂 2 次，连用 3 天。

十三、其他母猪繁殖障碍类疾病

◆ 猪　瘟

详见第一章中"一、猪瘟"内容。

◆ 猪繁殖与呼吸障碍综合征

详见第二章中"一、猪繁殖与呼吸障碍综合征"内容。

◆ 猪伪狂犬病

详见第一章中"二、猪伪狂犬病"内容。

◆ 猪日本乙型脑炎

详见第四章中"一、猪日本乙型脑炎"内容。

◆ 猪附红细胞体病

详见第二章中"八、猪附红细胞体病"内容。

◆ 猪衣原体病

详见第四章中"七、猪衣原体病"内容。

◆ 猪应激综合征

详见第二章中"十二、猪应激综合征"内容。

第六章

皮肤损伤及肤色变化类疾病

一、猪　痘

猪痘（swine pox）是由猪痘病毒和痘苗病毒引起的一种急性、热性传染病。其特征是皮肤和黏膜上皮出现特殊的红斑、丘疹和结痂。

【流行病学】 各种年龄的猪都可发病，主要感染 4～6 周龄的仔猪，以夏、秋季节多发，呈地方性流行。病猪和康复猪从皮肤黏膜的痘疹中排出病毒，经呼吸道、消化道和皮肤传染，猪虱、蚊、蝇等昆虫是本病的传播媒介。

【临床表现】 病猪体温升高、精神不振、喜卧、行动呆滞，下腹部、四肢内侧、鼻镜、眼皮、耳部出现痘疹。另外，在口、咽、气管、支气管等处若发生痘疹，常引起猪败血症而最终死亡。典型临床表现见图 6-1-1～图 6-1-5。

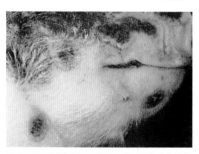

图 6-1-1　头部痘疹继发细菌感染，咬肌下痘疹为出血型（徐有生）

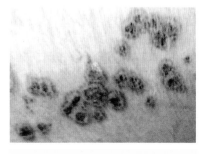

图 6-1-2　圆形痘疹发展为脓疱，少数痘疹开始结痂（徐有生）

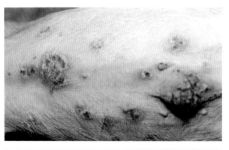

图 6-1-3　凸出于皮表的脓疱

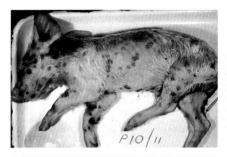

图 6-1-4　痘疹呈暗棕色

图 6-1-5　痘疹凸出于体表

【鉴别诊断】　见表 6-1。

表 6-1　与猪痘的鉴别诊断

病　名	症　状
口蹄疫	多发于春、秋、冬季，传播迅速。水疱多发生在唇、齿龈、口、乳房和蹄部，躯干不发生
猪水疱病	水疱主要发生在蹄部、口、鼻等处，躯干不发生
猪水疱性疹	水疱多发生在鼻镜、舌、蹄部，躯干不出现丘疹和水疱
猪水疱性口炎	水疱多发生在鼻端、口处，躯干不发生
猪葡萄球菌病	多由创伤感染。病猪表现呼吸急促、聚堆、呻吟、大量流涎和拉稀。水疱破裂后水疱液呈棕黄色

【预防措施】　猪舍消毒，同时灭鼠、灭蚊、灭蝇、灭虱。

【治疗措施】　猪痘无特效疗法。治疗目的是防止细菌性疾病的继发感染，发现本病后应立即隔离、封锁，并选用过氧乙酸对猪舍环境进行消毒。可选用阿莫西林、恩诺沙星、氟苯尼考、强力霉素等抗菌药，辅以清热解毒等中药制剂（如板蓝根、黄芩、黄芪、黄檗等）拌料饲喂；皮肤患病时可采用 10% 高锰酸钾溶液洗涤擦干后，再选用 5% ~ 10% 碘酊甘油或 1% 甲紫涂抹。

二、猪坏死杆菌病

猪坏死杆菌病（necrobacillosis）是由坏死杆菌引起的多种哺乳动物和禽类的一种慢性传染病。其特征是组织坏死。

【流行病学】 本病可感染多种动物，幼畜比成年畜易感。多呈散发或地方性流行，在多雨、潮湿及炎热季节多发。病畜和病禽是主要传染源，当皮肤和黏膜受到损伤时，很容易被感染。此外，猪圈泥泞、吸血昆虫叮咬、过度拥挤、矿物质缺乏等都可促进本病的发生。

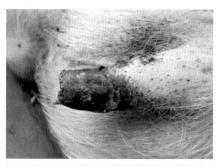

图 6-2-1 仔猪尾部坏死

【临床表现】 猪耳、颈部、体侧等处的皮肤发生坏死。以体表皮肤及皮下发生坏死和溃疡为特征。典型临床表现见图 6-2-1 ~ 图 6-2-3。

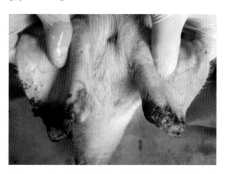

图 6-2-2 猪耳朵坏死

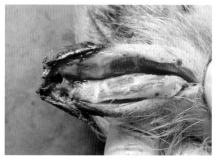

图 6-2-3 尾根皮肤坏死

【鉴别诊断】 见表 6-2。

表 6-2 与猪坏死杆菌病的鉴别诊断

病　名	症　状
皮炎肾病综合征	主要感染 12 ~ 14 周龄的猪群，皮肤出现红紫色丘状斑点，随病程进展，被黑色痂覆盖然后消失，留下疤痕
水疱性疹	地方性流行或散发。有时在腕前、跗前皮肤出现较大水疱。用口蹄疫血清不能保护
猪痘	多发于春、秋潮湿季节。主要发生在躯干、下腹部和股内侧。先丘疹后转为水疱，表面平整，中央稍凹呈脐状，蹄部水疱少见。剖检咽、气管等，黏膜出现卡他性或出血性炎症

（续）

病　名	症　状
放线菌病	本病主要感染乳房，剖检时乳房中可见针头大的黄白色硫黄样颗粒状物
渗出性皮炎	主要通过损伤的皮肤和黏膜感染，以7～30日龄的仔猪多发，体温不高。病变首先发生在背部、颈部等无毛处
疥螨	主要发生在头顶、肩胛等体毛较少的部位，特别是眼睛周围。患部发红，瘙痒
皮肤真菌病	病猪主要表现为头部、颈部、肩部出现大面积的发病区，中度瘙痒，不脱毛

【预防措施】　预防本病要避免外伤，一旦发生要及时处理。发生本病后，要及时隔离和治疗，对场地、用具等进行消毒。

【治疗措施】　治疗时，以局部治疗为主，配合全身治疗。

1）将病猪隔离在清洁干燥卫生的猪舍内，根据不同的发病部位进行局部处置。

① 如果猪患坏死性口炎，可用0.1%高锰酸钾溶液冲洗口腔，然后涂布碘酊甘油或抗生素软膏，每天1～2次。

② 如果蹄部病变，可用生理盐水冲洗患部，除去坏死组织，再用1%高锰酸钾溶液、10%聚维酮碘溶液或3%双氧水（过氧化氢溶液）等冲洗、消毒，然后用福尔马林、碘酊或各种抗生素软膏等进行涂布。

③ 如果猪患坏死性皮炎，可用福尔马林原液直接喷于患部或用3%双氧水（过氧化氢溶液）涂洗，然后清除局部坏死痂皮和坏死组织，局部填塞高锰酸钾粉，或5%～10%碘酊，或磺胺结晶粉。

2）防止上述三种类型症状的继发感染，可肌内注射青霉素、磺胺类、喹诺酮类、林可霉素类等抗菌消炎药物。

三、猪渗出性皮炎

猪渗出性皮炎（exudative epidermitis）是由猪葡萄球菌引起的一种急性、接触性传染病。本病特征为全身油脂样渗出性素质炎症。

【流行病学】　本病主要发生于6周龄以内的哺乳仔猪和断奶仔猪，

呈散发性，也可出现流行性。病原菌分布广泛，空气、饲料、饮水以及母猪的口、鼻、耳、肛门、阴道皮肤及黏膜上均有存在。本病主要通过接触传染和空气传染。

【临床表现】 感染的病猪首先在脸部双颊或在腋部和肋部出现薄的、灰棕色片状渗出物，随后扩展到全身各处，颜色很快变化为富含脂质。触摸患部皮肤可感到油腻、温度增高，被毛粗乱。口腔溃疡，蹄球部角质脱落，食欲不振、脱水。严重的病猪体重迅速减轻，24h死亡；多数在3～10天内死亡，耐过猪生长明显变慢。典型临床表现见图6-3-1～图6-3-10。

图6-3-1 面部和腕关节部皮肤
发炎、油腻、潮湿

图6-3-2 患猪早期面部皮肤发炎
（白挨泉等）

图6-3-3 患猪鼻部皮肤发炎
（白挨泉等）

图6-3-4 皮炎部有黄褐色渗出物，
皮肤为铜色、湿度大、油腻

图 6-3-5　耳根部皮肤发炎、
　　　　油腻、潮湿

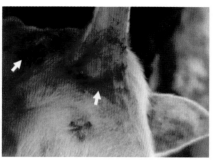

图 6-3-6　病猪的皮肤受损，见于
　　　　头面部（孙锡斌等）

图 6-3-7　皮肤粗糙，有溃烂，
　　　　继发真菌感染

图 6-3-8　腹部皮肤发红，
　　　　潮湿、油腻

图 6-3-9　仔猪背毛杂乱，
　　　　潮湿、油腻

图 6-3-10　腹部皮肤发红，
　　　　潮湿、油腻

【病理剖检变化】　见图 6-3-11 和图 6-3-12。

图 6-3-11　眼结膜苍白

图 6-3-12　腹股沟淋巴结肿大

【鉴别诊断】　见表6-3。

表 6-3　与猪渗出性皮炎的鉴别诊断

病　　名	症　　状
猪口蹄疫	剖检肺浆液浸润，心包液浑浊，心肌出现浅灰色和黄色条纹
猪水疱病	体温升高，皮肤不见渗出物
猪水疱性疹	病初体温升高，体躯皮肤及周围组织不见发红和油脂性分泌物
猪坏死杆菌病	多发于体侧、臀部皮肤，破溃后流出灰黄或灰棕色恶臭液体
猪皮炎肾病综合征	主要感染 12~14 周龄的猪群，皮肤出现红紫色丘状斑点，随病程进展被黑色痂覆盖然后消失，留下疤痕
猪水疱性疹	地方性流行或散发。有时在腕前、跗前皮肤出现较大水疱。用口蹄疫血清不能保护
猪痘	多发于春、秋潮湿季节。主要发生在躯干、下腹部和股内侧。先丘疹后转为水疱，表面平整，中央稍凹呈脐状，蹄部水疱少见。剖检咽、气管等，黏膜出现卡他性或出血性炎症
猪放线菌病	本病主要感染乳房，剖检时乳房中可见针头大黄白色硫黄样颗粒状物
猪疥螨	主要发生在头顶、肩胛等体毛较少部位，特别是眼睛周围。患部发红、瘙痒
猪皮肤真菌病	病猪主要表现为头部、颈部、肩部出现大面积的发病区，中度瘙痒，不脱毛

【预防措施】　加强仔猪舍环境消毒，重视发病猪的个体护理；采用干燥、柔软的猪床。

1）母猪进入产房前应清洗、消毒，然后放进消毒过的圈舍。由于该病多见于乳猪哺乳阶段的初期，可在母猪的产前3天和产后4天每1000kg饲料中添加阿莫西林40g（以阿莫西林计）+恩诺沙星50g给母猪饲喂，连用7～10天；或替米考星+强力霉素，通过过奶方式预防初产乳猪细菌感染。

2）修剪初生仔猪的牙齿、阉割、断奶时（或乳猪1日龄、阉割和断奶三阶段三针预防），按每千克体重肌内注射头孢噻呋钠3～5mg，各一次，能够阻断渗出性皮炎在哺乳期仔猪群中传播。

【治疗措施】 个体患病猪治疗应及时。

1）采用消毒剂（10%聚维酮碘溶液、2%～3%氢氧化钠溶液或1%高锰酸钾溶液）涂擦仔猪患部，待干后采用红霉素软膏或磺胺软膏涂布患部，每天2～3次，连用3～5天。

2）防止葡萄球菌的耐药性的形成，应进行药敏试验，在没有条件做药敏试验的情况下可以选择联合用药合理配伍，常见药物如阿莫西林、头孢菌素、庆大霉素、强力霉素、林可霉素、恩诺沙星、磺胺类等限制性结合地塞米松磷酸钠，每天2次，连用3～5天，并辅以维生素C、复合B族维生素等增强猪体抵抗力和免疫力的保健制剂。

四、猪疥螨病

猪疥螨病（sarcoptic acariasis）是由寄生于猪的表皮内的疥螨引起的一种接触性感染的慢性皮肤寄生虫病。本病特征为皮肤剧痒和皮肤炎症。

【流行病学】 本病主要发生于猪，不同年龄、品种均可感染，多发于光照不足的秋、冬和早春。健康猪直接接触病猪或病猪蹭过的饲槽、墙壁、栏杆等地方而引起感染。此外，散放的畜禽、狗、猫，以及工作人员或其他人员进出猪舍时也可传播病原。

【临床表现】 患猪主要表现是靠在各种物体上不断蹭痒，用力摩擦，最初皮屑和被毛脱落，之后皮肤潮红，呈浆液性浸润，甚至出血，渗出液和血液干涸后形成痂皮，皮肤增厚、粗糙、变硬，失去弹性或形成皱褶或龟裂。典型临床表现见图6-4-1～图6-4-7。

图6-4-1　仔猪耳部先出现疥螨疹块

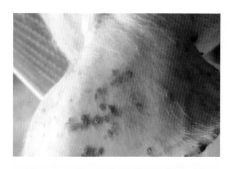

图 6-4-2　仔猪耳部疹块

图 6-4-3　母猪到处摩擦，严重时
表现消瘦（林太明等）

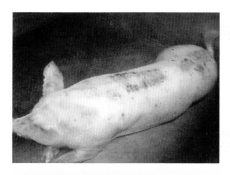

图 6-4-4　母猪头、颈、背感染
螨虫后引起皮肤瘙痒、
出血（林太明等）

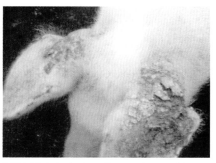

图 6-4-5　患猪耳部皮肤
结痂、龟裂

图 6-4-6　背部皮肤结痂、龟裂

图 6-4-7　耳背皮肤粗糙、干硬

【鉴别诊断】 见表6-4。

表6-4 与猪疥螨病的鉴别诊断

病　名	症　状
猪坏死杆菌病	多发于体侧、臀部皮肤，破溃后流出灰黄或灰棕色恶臭液体
猪虱	下颌、颈下、腋间、内股部皮肤增厚，可找到猪虱
猪皮炎肾病综合征	主要感染12~14周龄的猪群，皮肤出现红紫色丘状斑点，随病程进展被黑色痂覆盖然后消失，留下疤痕
猪水疱性疹	地方性流行或散发。有时在腕前、跗前皮肤出现较大水疱。用口蹄疫血清不能保护
猪痘	多发于春、秋潮湿季节。主要发生在躯干、下腹部和股内侧。先丘疹后转为水疱，表面平整，中央稍凹呈脐状，蹄部水疱少见。剖检咽、气管等，黏膜出现卡他性或出血性炎症
猪渗出性皮炎	主要通过损伤的皮肤和黏膜感染，以7~30日龄的仔猪多发，体温不高。病变首先发生在背部、颈部等无毛处
猪皮肤真菌病	病猪主要表现为头部、颈部、肩部出现大面积的发病区，中度瘙痒，不脱毛

【预防措施】 猪舍应保持清洁、卫生、干燥、通风。

【治疗措施】 为使患病猪达到治疗效果，采用甲酚皂（来苏儿）溶液彻底洗刷病猪患部，清除硬痂皮和污物后再用药涂布或喷洒。

1）可用2%敌百虫溶液，全身喷雾喷淋猪体，间隔7天再喷洒一次；或用除癞灵每支10mL，加水3.2~6.4L，涂擦、喷淋猪皮肤或浸浴。

2）0.5%~1.5%溴氰菊酯药浴、喷淋，可用于预防；3%~5%溴氰菊酯溶液供猪体药浴或喷淋，用于治疗，间隔7~10天重复一次。

3）用烟叶或烟梗涂擦患部、每千克体重皮下注射伊维菌素0.3mg等方法，都有很好的疗效。

五、猪皮肤真菌病

猪皮肤真菌病（dermatomycoses of swine）是由多种皮肤致病真菌所引起的猪的皮肤病的总称。

【流行病学】 本病几乎可感染所有的家畜和野生哺乳动物，多发于深秋、冬、春季。温暖、潮湿、污秽、阴暗的环境有利于本病的传播扩散。在猪群中主要通过猪与猪之间的接触或间接接触器物而发生感染。垫草、饲料等都在本病的感染途径中起到一定作用。

【临床表现】　病猪主要表现为头部、颈部、肩部出现大面积的发病区，有时也可在背部、腹部和四肢见到；中度瘙痒，不脱毛，病灶中度潮红、有小水疱；发病数天后，痂块之间产生灰棕色连成一片的皮屑性覆盖物。典型临床表现见图 6-5-1～图 6-5-11。

图 6-5-1　病猪皮肤出现大面积皮屑性斑疹

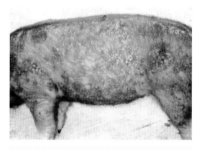

图 6-5-2　局限性丘疹，逐步向外扩展（孙锡斌等）

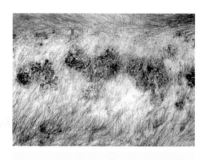

图 6-5-3　皮肤呈环状或多环状损害，呈粉红或浅褐色，覆皮屑或痂片（孙锡斌等）

图 6-5-4　病猪皮肤干燥，呈松树皮状无痒症（孙锡斌等）

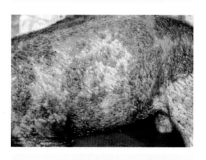

图 6-5-5　病猪皮肤继发细菌感染的病灶结痂渗出油性物（孙锡斌等）

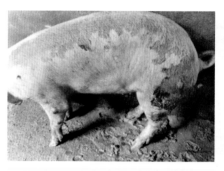

图 6-5-6　病猪皮肤真菌痂皮脱落

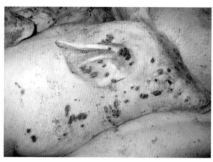

图 6-5-7　病猪皮肤点状溃疡，
凸出于皮肤

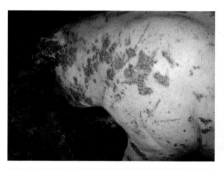

图 6-5-8　病猪患部皮肤斑块状
坏死，凸出于皮肤

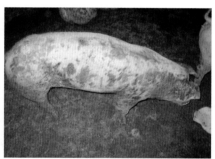

图 6-5-9　病猪皮肤片状感染溃疡

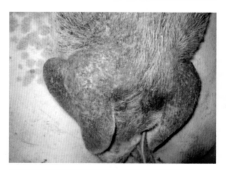

图 6-5-10　病猪皮肤真菌与
葡萄球菌混合感染

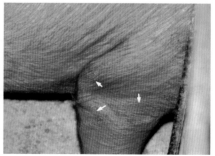

图 6-5-11　病猪皮肤出现不规则
圆形隆起疹块

【鉴别诊断】 见表6-5。

表6-5 与猪皮肤真菌病的鉴别诊断

病　名	症　状
猪的蔷薇糠疹	主要发生在腹部和腹股沟部，一般为豆大的红块
猪锌缺乏症	皮肤表面生小红点，皮肤粗糙有皱褶，蹄壳破裂，食欲不振，腹泻
猪疥螨病	皮肤增厚，病变部位遍及全身

【预防措施】 必须做好猪舍卫生消毒工作，应注意平时的饲养管理，保持适宜的饲养密度，猪舍通风良好，提高猪只的抵抗力，在幼畜时补饲维生素A、叶酸等B族维生素和氨基酸多维可起到一定的作用。

【治疗措施】 一旦发现本病，应及时隔离治疗，对猪舍和用具等进行严格消毒，可用硫酸铜等溶液每天涂敷，直至痊愈。

1）个体治疗：先用0.2%二氯异氰尿酸钠溶液，后用2%敌百虫溶液+1%硫黄混悬液给猪体喷洒，两种药液每天上下午各喷洒一次，连用2～3天。

2）注意，在喷洒过程中若出现仔猪中毒现象，可用阿托品解毒。

六、猪湿疹

猪湿疹（pig eczema）是表皮和真皮上皮由致敏物质引起的一种过敏反应，也称湿毒症，夏秋多雨季节、高温季节发病较多，以患猪皮肤出现红斑、疮疹、瘙痒为特征。

【流行病学】

1）圈舍卫生条件差、湿热熏蒸、皮肤不清洁、通风不好、饲养密度大等。

2）饲料单一、营养缺乏，特别是维生素、矿物质缺乏和缺锌等。

3）昆虫叮咬，化学药品刺激以及慢性消化道疾病，新陈代谢紊乱，内分泌失调等也可引起该病发生。

【临床表现】 急性者大多突然发病，病初猪的颌、腹部和会阴两侧皮肤发红，出现如黄豆大小或蚕豆大小的结节、瘙痒不安，病情加重时出现水疱、丘疹，破裂后常有黄色渗出液，结痂及痂皮脱落等。急性患猪治疗不及时常转为慢性，患猪皮肤粗厚、浸润、瘙痒，常局部感染、糜烂或化脓，导致采食、休息受影响，最后消瘦虚弱而死。典型临床表现见图6-6-1～图6-6-3。

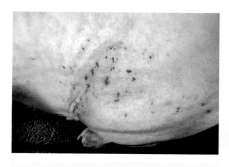

图 6-6-1　猪皮肤点状出血

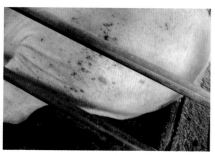

图 6-6-2　猪皮肤斑点状疹块

图 6-6-3　猪腹部斑点状疹块

【鉴别诊断】　见表6-6。

表 6-6　与猪湿疹的鉴别诊断

病　　名	症　　状
猪锌缺乏症	先从耳尖、尾部开始再向全身发展，不出现水疱、脓疱。患部皮肤皱褶粗糙，网状干裂明显。蹄壳裂开，四肢关节附近的厚痂有黄油腻皮屑，经久不愈

（续）

病　名	症　状
猪真菌性皮炎	先脱毛，瘙痒形成皮肤损伤，在躯干、四肢上部可见硬币大小的圆形或不规则无毛区，有灰白色鳞屑斑，屑厚，随着皮肤损伤，患部扩大
猪渗出性皮炎	多发生于一月龄以内的仔猪，潮湿处表面有黏湿脂肪样分泌物，结成痂皮，有恶臭，眼周渗出液可引起结膜炎、角膜炎，其他无毛处可形成水疱和糜烂
猪疥螨病	有传染性，将痂皮放在黑纸或黑玻璃片上并在灯火上微加热，在日光下用放大镜可见疥螨爬动
猪皮肤曲霉菌病	全身皮肤均有肿胀性结节，破溃渗出的浆液形成灰黑色甲壳并出现龟裂，眼结膜潮红流浆液性分泌物，鼻有浆液性黏液，呼吸可听有鼻塞音

【预防措施】　经常清扫猪圈，保持舍内清洁干燥，防止圈内漏雨，勤晒垫草。墙壁湿度大的还可撒一些石灰除潮。

【治疗措施】

（1）中药

1）急性湿疹的治疗：双花40g，苍术15g，连翘、苦参、大黄、茯苓、茵陈各20g，元板30g，生甘草15g，共研为末，开水冲调灌服或拌饲料喂饲。

2）慢性湿疹的治疗：生地、苦参各20g，当归、白芍、萆薢、茯苓、白藓皮各15g，地肤皮30g，甘草10g，共研为末，开水冲调灌服或拌饲料饲喂。

（2）西药　急性湿疹可内服或静脉注射氯化钙或葡萄糖酸钙，或个体饲喂扑尔敏片剂。每天口服葡萄糖酸钙5~10g，分两次口服。静脉注射10%葡萄糖酸钙50~100mL，每天一次。同时内服或注射维生素A、维生素C或复合维生素B。为防治皮肤感染，可用磺胺类药物口服或注射，必要时可用糖皮质激素治疗。

（3）外用　每天用药前用0.1%的高锰酸钾溶液清洗皮肤一次，若患部渗出液较多，可涂3%~5%甲紫溶液。

七、猪玫瑰糠疹

玫瑰糠疹（pityiasis rosea of swine）属于一种遗传性、良性、自发性、自身限制的猪疾病。本病主要特征是皮肤上出现外观呈环状疱疹的脓疱性皮炎。

【流行病学】　本病主要见于3~14周龄的仔猪和青年猪，患过病的母猪所生仔猪发生本病的频率高。本病是一种不明原因的散发性皮肤病，发病率低，一般危害不大，6~8周后可自愈。

【临床表现】　病猪多在腹下、四肢内侧、尾部四周等处发生病变。病初在皮肤上出现隆起但中央低且呈火山口状的小红斑丘疹或小脓疱，扩展后，外周呈红玫瑰色并隆起。典型临床表现见图6-7-1~图6-7-5。

图6-7-1　病猪颈部即将痊愈的皮疹

图6-7-2　病猪胸腹部呈玫瑰色样的皮疹

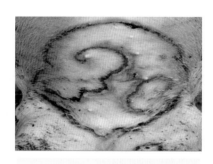

图6-7-3　病猪腹部即将康复的皮疹

图6-7-4　腹部和股内侧皮肤的玫瑰糠疹，病初的丘疹迅速扩展呈项圈状，项圈内是一层鳞屑

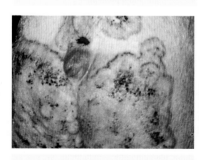

图6-7-5　臀部和后腿皮肤上的玫瑰糠疹，周边隆起、呈玫瑰红色，随着红色项圈的扩展，病灶中央恢复正常（徐有生）

【鉴别诊断】　见表6-7。

表6-7　与猪玫瑰糠疹的鉴别诊断

病　　名	症　　状
猪坏死杆菌病	多发于体侧、臀部皮肤，破溃后流出灰黄或灰棕色恶臭液体
猪皮炎肾病综合征	主要感染12～14周龄的猪群，皮肤出现红紫色丘状斑点，随病程进展被黑色痂覆盖然后消失，留下疤痕
猪水疱性疹	地方性流行或散发。有时在腕前、跗前皮肤出现较大水疱。用口蹄疫血清不能保护
猪痘	多发于春、秋潮湿季节。主要发生在躯干、下腹部和股内侧。先丘疹后转为水疱，表面平整，中央稍凹呈脐状，蹄部水疱少见。剖检咽、气管等，黏膜出现卡他性或出血性炎症
猪放线菌病	本病主要感染乳房，剖检时乳房中可见针头大的黄白色硫黄样颗粒状物
猪疥螨	主要发生在头顶、肩胛等体毛较少部位，特别是眼睛周围。患部发红，瘙痒
猪皮肤真菌病	病猪主要表现为头部、颈部、肩部出现大面积的发病区，中度瘙痒，不脱毛
猪感光过敏	因采食能产生感光物质而发病。发生痒痛，白天重夜间轻，严重时疹块产生脓疱或痂皮下化脓，甚至腹痛、腹泻

【预防措施】　增强仔猪对营养的摄入，提高仔猪自身的抵抗力和免疫力是重要措施。饲料或饮水可添加氨基酸多维、黄芪多糖等。

【治疗措施】　发生本病后只能等待自愈。如果继发细菌性感染，可用抗生素予以防治，饲料或饮水添加维生素C、B族维生素和矿物质微量元素等。饲料或饮水中添加黄芪多糖等免疫增强因子制剂。

八、猪感光过敏

猪感光过敏（pig photosensitive allergy）（又称为光能效应植物中毒）是指白皮肤猪长期或大量摄入富含特异性感光物质的植物后，对日光的敏感性提高，而使暴露于日光下的皮肤发生红斑、疹块、溃疡乃至坏死、脱落的疾病。严重病例可伴有头部黏膜的炎症、胃肠功能障碍，甚至出现神经症状。

【流行病学】　猪感光过敏的原因主要有：

（1）原发性感光过敏　是由于猪吃了外源性光能剂而直接引起的。富含感光物质的植物有金丝桃、芥麦、野胡萝卜、多年生黑麦草等野生植物。

（2）继发性感光过敏　引起继发性感光过敏的物质主要有蒺藜、某些霉菌、某些有毒植物。此外，红三叶草、杂三叶草、黄花苜蓿、紫花苜蓿和野豌豆，被猪采食后也可引起发病。

（3）先天性感光过敏　临床上比较少见。

（4）中毒　在促进蛋白质吸收的维生素缺乏的情况下，单一的、大量的蛋白质（如荞麦、豆科等的蛋白质）进入机体，而发生毒性作用。

【临床表现】　感光过敏主要表现为皮炎，并且只局限于日光能够照射到的无色素的皮肤。病初患猪头部、背部和颈部等皮肤出现红斑、水肿，触之敏感，皮肤奇痒。由于磨蹭擦痒，可使表皮磨破，渗出黏稠液体，干后与毛粘连，耳壳变厚，眼结膜充血，眼睑被脓性分泌物粘连。数日后皮肤变硬、龟裂。1周后皮肤表面的坏死逐渐分离，露出鲜红色的肉芽面。严重的病例还表现黄疸、腹痛、腹泻等消化道症状，或呼吸高度困难，有泡沫样鼻液等。有的则出现兴奋不安、无目的地奔走，共济失调，痉挛，昏睡以致麻痹等神经症状。典型临床表现见图6-8-1和图6-8-2。

图6-8-1　仔猪皮肤过敏性潮红

图6-8-2　感光过敏，猪耳部及背部潮红（林太明等）

【病理剖检变化】　尸检时，除皮肤不同程度地炎性病变和皮下组织水肿外，常可见全身黄染，胃肠炎症，肝脏变性乃至坏死，有的伴发肺水肿。

【鉴别诊断】 见表6-8。

表6-8 与猪感光过敏的鉴别诊断

病 名	症 状
猪水疱病	有传染性，水疱先发生于蹄冠、蹄间，而后鼻端、唇内发生水疱，不出现痒感及白天重夜间轻的现象
猪湿疹	体温不高，奇痒，消瘦，疲惫，不出现黄疸、腹痛、腹泻，无流泪、流涎和共济失调等神经症状及白天重夜间轻等现象
猪钩端螺旋体病	有传染性、尿红或呈浓茶样，眼睑、上下颌、头颈甚至全身水肿，一进猪圈即闻到腥臭味
猪缺锌症	体温不高，患部皮肤皱褶粗糙，一蹄或数蹄的蹄壳发生纵裂或斜裂、横裂，消瘦

【预防措施】

1）合理调配猪饲料，将富含感光物质的植物用作饲料时要控制好用量，尽量避免连续大量使用。

2）积极防治肝胆疾病，防止继发性感光过敏。

3）用荞麦及其副产品饲喂妊娠后期的母猪和哺乳母猪时必须特别慎重，防止仔猪发病。

【治疗措施】 对于轻症病例通过改变饲料、避免日光和对症治疗，经3~5天即可痊愈，而对于出现肺水肿症状和神经症状的重症病例，往往预后不良。

1）将病猪移至避光的暗处，灌服植物油50~100mL和人工盐30~50g，以清理胃肠道内的光能效应物质。

2）皮肤患部可以冷敷，或用5%石灰水洗涤后，涂以1∶10鱼石脂软膏。为了止痒，可涂布1∶10石炭酸软膏或撒布氧化锌薄荷脑粉（薄荷脑0.2~0.4g，氧化锌20g，淀粉20g）。

3）严重病例，可内服或肌内注射盐酸苯海拉明、扑尔敏等抗过敏药物。

九、猪黄脂病

猪黄脂病（pig yellow fat disease）是以猪体脂肪组织呈现黄色为特征的一种色素沉积性疾病，又称"黄膘"，有时称为黄脂肪病或营养性脂膜炎。本病主要表现就是病猪的机体脂肪呈现黄色。生猪屠宰后皮下脂肪变黄的猪肉，因饲料引起的称为"黄膘肉"，因疾病引起的称为"黄疸肉"。

【流行病学】 诱发猪黄脂病的原因主要有两种：

（1）病理性因素 包括实质性黄疸、阻塞性黄疸和溶血性黄疸。猪锥虫病、焦虫病或钩端螺旋体侵入机体，引起机体内大量溶血，大量胆红素排入血液，将全身各组织染成黄色，造成黄疸肉。

（2）饲料因素 主要原因包括饲料中不饱和脂肪酸、易酸败原料含量过高；饲料中含有色素含量高的原料，如胡萝卜、南瓜、假酒糟蛋白饲料（DDGS）等；饲料中添加了导致产生猪黄脂病的药物，如磺胺类和某些有色中草药；饲料霉变；饲料添加剂配方中铜含量高或生产工艺不合理等都会引起猪黄脂病。

【临床表现】 病猪大多没有明显的临诊症状，较难诊断。病猪的生前表现可能有被毛粗糙，食欲减退，增重缓慢，黏膜苍白，倦怠，衰弱，有时发生跛行，通常眼有分泌物，个别猪突然死亡。典型临床表现见图 6-9-1 ～ 图 6-9-3。

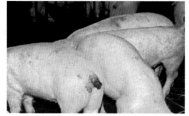

图 6-9-1 猪皮肤黄染

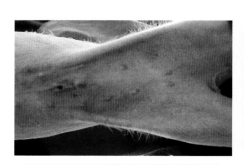

图 6-9-2 猪腹部皮肤黄染

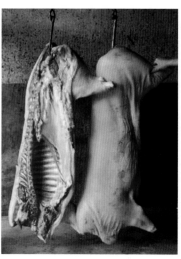

图 6-9-3 猪胴体黄染

【病理剖检变化】 皮下及腹腔脂肪呈黄色或黄褐色，可闻到腥臭味，变黄较为明显的部位是肾周、下腹、骨盆腔、肛周、口角、耳根、眼周及股内侧。黄脂具有鱼腥味，加热时更明显。典型剖检变化见图6-9-4。

【鉴别诊断】 见表6-9。

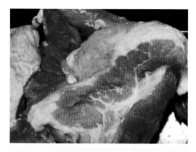

图6-9-4 脂肪黄染

表6-9 与猪黄脂病的鉴别诊断

病　名	症　状
猪黄疸	黄膘猪的肥膘及体腔内脂肪呈不同程度的黄色，其他组织无黄色现象。而黄疸使猪的皮肤、黏膜、皮下脂肪、腱膜、韧带、软骨表面、组织液、关节液及内脏等均呈黄色
猪钩端螺旋体病	有传染性，体温高，皮肤瘙痒而泛黄。有的在上下颌、头部、颈部乃至全身水肿，有血红蛋白尿，圈舍内有腥臭味

【预防措施】 应做好品种的选育工作，即淘汰黄脂病的易发品种，选育抗该病的品种。合理调整日粮，增加维生素E供给，减少饲料中不饱和脂肪酸的高油脂成分，将日粮中不饱和脂肪酸甘油酯的饲料限制在10%以内。禁喂鱼粉或蚕蛹。日粮中添加维生素E，每头每天500~700mg，或加入6%的干燥小麦芽、30%的米糠，也有预防效果。

【治疗措施】 本病生前很难诊断，也无法治疗。

十、猪缺锌症

猪缺锌症（porcine zinc deficiency）是饲料中锌含量绝对和相对不足所引起的一种营养缺乏症，又称皮肤不全角化症，是一种慢性、非炎性疾病。本病在临床上主要以生长缓慢、皮肤角化不全、繁殖机能障碍及骨骼发育异常为特征。

【流行病学】 种公猪、母猪发病率高，仔猪发病率低，饲养在水泥地砖圈舍的猪只常发病。本病发病率高，但一般无死亡，发病无季节性。

【临床表现】 病初便秘，以后呕吐腹泻，排出黄色水样液，但无异常臭味。猪腹下、背部内侧和四肢关节等部位的皮肤发生对称性红斑，继而发展为直径3～5mm的丘疹，很快表皮变厚至5～7mm，有数厘米深的裂隙，增厚的表皮上覆盖容易剥离的鳞屑，无痒感。常继发皮下脓肿，食欲减退，被毛粗糙无光泽，全身脱毛，脱毛区皮肤上覆盖一层灰白色似石棉状物，皮肤干燥变厚，失去正常弹性，角化不全。严重缺锌病例，母猪假发情，屡配不孕，产仔数减少，出现弱胎和死胎，缺乳，乳猪股骨变小，公猪影响睾丸发育及性征的形成，精子缺乏。遭受外伤的猪只，伤口愈合缓慢，而补锌后则可加速愈合。典型临床表现见图6-10-1和6-10-2。

图6-10-1　皮肤角化不全

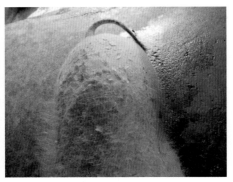

图6-10-2　猪背部皮肤脱落

【鉴别诊断】 见表6-10。

表6-10　与猪缺锌症的鉴别诊断

病　名	症　状
猪湿疹	先在股内侧、腹下、胸壁等处皮肤发生红斑，而后出现丘疹，继而变为水疱，破溃渗出液结痂，奇痒，水疱感染后形成脓疱。不出现皮肤网裂和蹄裂

（续）

病　名	症　状
猪皮肤曲霉菌病	有传染性，体温高，眼结膜潮红、流黏性分泌物，鼻流黏液性鼻液，呼吸可听到鼻塞音。皮肤出现红斑以后形成肿胀性结节。奇痒，由浆性渗出液形成的灰黑褐色的痂融合成灰黑色甲壳而出现龟裂（不是皮肤形成网状干裂）
猪皮肤真菌病	主要在头、颈、肩部有手掌大或连片的病灶，有小水疱，病灶中度潮红，中度瘙痒，在痂块间有灰棕色至微黑色连片性皮屑性覆盖物
猪硒中毒	在发病后 7 ~ 10 天开始脱毛，1 个月后长新毛，臀、背部敏感，触摸时叫声嘶哑，蹄冠、蹄缘交界处出现环状贫血苍白线，后发绀，最后蹄壳脱落
猪疥螨病	病变部位多在头、眼窝、颊、耳，以后蔓延至颈部、肩部、躯干及四肢，奇痒。皮肤增厚变粗糙

【预防措施】　保证日粮中含有足够的锌，消除影响锌吸收利用的各种因素。适当限制钙的水平，钙和锌比例维持在 100∶1，日粮中含钙 0.5% ~ 0.6% 时，50 ~ 60mg/kg 的锌即可满足猪的营养需要。饲养上标准补锌量是每吨饲料内加硫酸锌或碳酸锌 180g，也可饲喂葡萄糖酸锌。

【治疗措施】　对于发病猪只，补锌是临床治疗的关键。

1）每千克体重肌内注射碳酸锌 2 ~ 4mg，每天 1 次，10 天为一疗程，一疗程即可见效。

2）每头猪内服硫酸锌 0.2 ~ 0.5g，对皮肤角化不全和因锌缺乏引起的皮肤损伤，数天后即可见效，经过数周，损伤可完全恢复。

3）日粮中加入 0.02% 的硫酸锌、碳酸锌、氧化锌对本病兼有治疗和预防的作用，但一定注意含量不超过 0.1%，否则会引起锌中毒。

十一、其他皮肤损伤及肤色变化类疾病

◆ 口蹄疫

详见第四章中"三、口蹄疫"内容。

◆ 猪水疱病

详见第四章中"四、猪水疱病"内容。

◆ 猪 丹 毒

详见第四章中"十、猪丹毒"内容。

◆ 猪附红细胞体病

详见第二章中"九、猪附红细胞体病"内容。

第七章

生长迟缓类疾病

一、猪结核病

猪结核病（tuberculosis）是由分枝杆菌引起的一种人兽共患的慢性传染病，以多种组织器官形成肉芽肿为病理特征。

【流行病学】　多种动物和人都可感染本病，主要经消化道感染，也可通过呼吸道感染。本病多为散发，发病率和死亡率不高。

【临床表现】　患结核病的猪多表现为淋巴结核，在扁桃体和颌下淋巴结发生病灶，很少有临床表现，偶见腹泻。典型临床表现见图7-1-1。

【病理剖检变化】　病变主要发生在咽、颈部淋巴结和肠系膜淋巴结，表现为粟粒大的结节，切面呈灰黄色干酪样坏死；或表现急性肿胀，切面呈灰白色。此外，心脏的心耳和心室外膜、肠系膜、膈、肋胸膜发生大小不等的浅黄色结节或扁平隆起的肉芽肿病灶，切面也见有干酪样坏死。典型剖检变化见图7-1-2~图7-1-6。

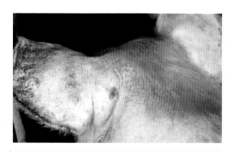

图 7-1-1　在耳根部做的结核菌素阳性反应（潘耀谦等）

图 7-1-2　支气管淋巴结肿大，内有大小不一的黄白色结核结节（潘耀谦等）

图 7-1-3　肝脏表面密布大小不一的黄白色结核结节（潘耀谦等）

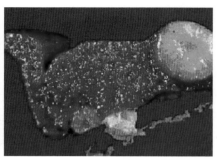

图 7-1-4　脾脏切面有一核桃大的黄白色呈干酪样坏死的结核结节（潘耀谦等）

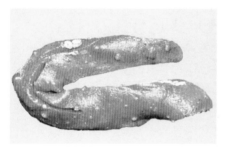

图 7-1-5　脾脏的结核结节（潘耀谦等）

图 7-1-6　颌下淋巴结的结核结节（潘耀谦等）

【预防措施】　做好人结核病的早期治疗和畜禽结核病的检疫、隔离等综合防治措施，消灭和减少猪结核病的发生。

【治疗措施】　发病猪通常不予治疗，一般发生后应做淘汰处理，但对一些具有经济意义的种猪，可试用药物进行治疗。结核分枝杆菌对磺胺类药物、青霉素及其他广谱抗生素均不敏感，而对链霉素、异烟肼、对氨基水杨酸和环丝氨酸等较敏感。

二、猪囊尾蚴病

猪囊尾蚴病（cysticeycosis cellulosae）是由寄生在人小肠内的有钩绦

虫的幼虫——猪囊尾蚴寄生于猪体内而引起的一种绦虫蚴病，是一种危害十分严重的人兽共患寄生虫病。

【流行病学】 主要流行于亚洲、非洲、拉丁美洲的一些国家和地区，在有生吃猪肉习惯的地区多出现地方性流行。感染有钩绦虫的患者是主要的传染源，他们排出的孕节和虫卵经消化道感染猪，引起发病。猪的散放和人的粪便管理不严是发生本病的主要原因。

【临床表现】 本病只有在严重感染或某器官受损害时，才表现明显症状，多数表现营养不良、生长受阻、贫血和水肿等症状。

【病理剖检变化】 严重感染的病猪肌肉苍白、水肿、切面外翻、凹凸不平。在脑、眼、心脏、肝脏、脾脏、肺脏，甚至淋巴结等寄生部位的脂肪内可见到虫体。初期在猪囊尾蚴外部有细胞浸润，随后发生纤维素性病变，长大的猪囊尾蚴压迫肌肉，使肌肉出现萎缩。典型剖检变化见图 7-2-1 ~ 图 7-2-9。

图 7-2-1 **猪囊尾蚴虫体**（宣长和等）

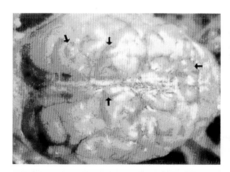

图 7-2-2 **在硬脑膜下的脑实质中有半透明含有灰白色头节的猪囊尾蚴**（潘耀谦等）

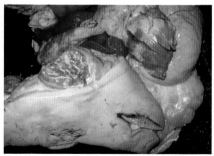

图 7-2-3 **咬肌内部及心肌表面有乳白色半透明状内含明显头节的猪囊尾蚴**（潘耀谦等）

图 7-2-4　咬肌中间有乳白色半透明
　　　　状内含明显头节的猪囊
　　　　尾蚴（潘耀谦等）

图 7-2-5　肌肉内猪囊尾蚴的放大
　　　　图像（潘耀谦等）

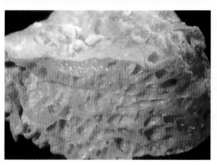

图 7-2-6　严重感染的肌肉
　　　　呈蜂窝状（潘耀谦等）

图 7-2-7　肌肉内寄生的猪囊尾蚴

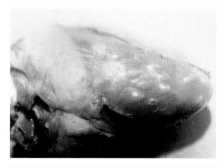

图 7-2-8　寄生于心肌表面的猪囊尾
　　　　蚴虫体（宣长和等）

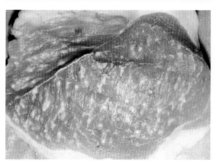

图 7-2-9　寄生于肌肉内的猪囊尾
　　　　蚴虫体（宣长和等）

【鉴别诊断】 见表7-1。

表 7-1　与猪囊尾蚴病的鉴别诊断

病　名	症　状
猪旋毛虫病	前期呕吐、腹泻，后期体温升高，触摸肌肉有痛感或麻痹，触感有结节
猪住肉孢子虫病	不安，腰无力，后肢僵硬或麻痹。剖检肾脏苍白，肌肉水样褪色，含有小白点，肌肉萎缩，有结晶颗粒
猪姜片吸虫病	拉稀，眼结膜苍白。剖检小肠上端有瘀血点和水肿，呈弥漫性出血点和坏死病变

【预防措施】 本病应采取综合防治措施。加强人粪便的管理，改善养猪的饲养方法，做到人有厕所猪有圈。进行免疫接种，从根本上预防本病。

【治疗措施】 目前比较理想的治疗有钩绦虫的患者和猪囊尾蚴病猪的药物为阿苯达唑和吡喹酮，疗效显著，治愈率可达90％。

三、猪细颈囊虫病

猪细颈囊虫病（cysticercosis tenuicollis）又称猪细颈囊尾蚴病（俗称"水铃铛"），是寄生于狗、狼等肉食兽小肠内的泡状带绦虫的幼虫——细颈囊尾蚴寄生于猪的肝脏、浆膜、网膜、肠系膜等（严重感染时可寄生于肺脏），而引起的一种绦虫蚴病。

【流行病学】 本病呈世界性分布，发病和流行主要和饲养有关。感染了泡状带绦虫的肉食动物，通过粪便将虫卵散布在牧地、猪舍周围及周围山林中，猪在放牧和散放时经消化道引起感染。

【临床表现】 仔猪感染后表现体温升高、精神沉郁、腹水，按压腹壁有痛感，虚弱、消瘦，出现黄疸。偶见呼吸困难和咳嗽症状。成年猪症状一般不明显。

【病理剖检变化】

（1）急性型 病猪可见肝脏肿大，表面有出血点，肝实质中能找到遗留的虫道，虫道充满血液，逐渐变为黄灰色，有时可见到急性腹膜炎或混有血液和虫体的腹水。典型剖检变化见图7-3-1～图7-3-4。

图7-3-1　肝脏肿大，表面上呈现
黄豆大小的囊泡

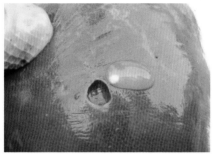

图7-3-2　幼虫寄生在肝脏表面，
呈水疱状外观

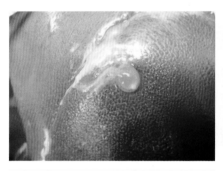

图7-3-3　肝脏表面有半透明囊泡

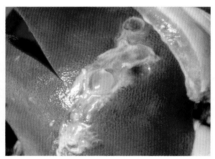

图7-3-4　肝脏表面可见到虫体

（2）慢性型　在病猪肠系膜、大网膜、肝被膜和肝实质中可找到虫体，严重时，肺脏和胸腔内也出现虫体。典型剖检变化见图7-3-5～图7-3-7。

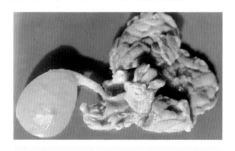

图7-3-5　寄生于猪肠系膜上的
细颈囊尾蚴（宣长和等）

 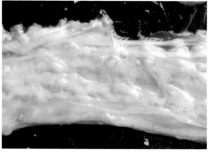

图 7-3-6　直肠黏膜有豆状肿胀结节　　图 7-3-7　直肠浆膜有豆状肿胀结节

【鉴别诊断】　见表 7-2。

表 7-2　与猪细颈囊虫病的鉴别诊断

病　名	症　状
猪棘球蚴病	肝区疼痛，右腹侧膨大。剖检可见肝脏、肺脏表面凹凸不平，有时可见棘球蚴显露于表面
猪华支睾吸虫病	下痢。剖检胆囊肿大，胆管变粗，胆囊和胆管内可见虫体和虫卵

【预防措施】　加强饲养管理，禁止用感染的猪内脏喂狗，防止狗到处活动和进入猪舍，消除野狗。猪要圈养，避免其吃到肉食动物粪便中的虫卵。

【治疗措施】　目前尚无有效的疗法治疗本病，因此应注重平时饲养中对本病的预防。

四、异嗜癖

异嗜癖（allotriphagia）是由多种疾病引起的代谢机能紊乱，味觉异常，到处舔食、啃咬的一种综合征。本病多发于冬季和早春舍养的猪只。

【流行病学】　本病主要是由于猪体内缺乏某些矿物质、微量元素和维生素，特别是维生素 B，导致机体代谢机能紊乱，味觉异常而引起的。此外，某些蛋白质和氨基酸缺乏也是引发本病的一个原因。

【临床表现】　本病主要表现消化不良，味觉异常，食欲减退，舔食墙壁、啃食槽、砖块、玻璃、破布、毛发等异物和杂物。病猪渐渐消瘦，先便秘后下痢，母猪常引起流产和吞食胎衣。典型临床表现见图 7-4-1 和图 7-4-2。

图 7-4-1　猪采食异物

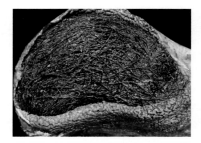

图 7-4-2　异嗜癖猪胃内积存
的毛团（宣长和等）

【预防措施】　预防时，要针对不同地区和不同年龄、品种的猪只，配制合理的饲料。

【治疗措施】　积极治疗慢性胃肠疾病和引起机能紊乱的原发性疾病。治疗时，依照缺什么补什么的原则，对饲料进行合理的调整。

☞ 五、仔猪缺铁性贫血 ☜

仔猪缺铁性贫血（pig iron deficiency anemia）又称营养性贫血，是指机体铁缺乏引起仔猪贫血和生长受阻的一种营养代谢病。本病特征为皮肤、黏膜苍白及血红蛋白含量降低和红细胞减少。

【流行病学】　本病多发于水泥地面或漏缝地板的养殖场，仔猪无法接触到土壤。主要病因在于仔猪体内铁储存量低而需要量大，但外源供应量又少，使仔猪体内严重缺铁，影响血红蛋白的合成，发生贫血。本病多发生于圈养的仔猪。在秋、冬季和早春比较常见，多发于 2~4 周龄的哺乳猪。

【临床表现】　病猪表现精神沉郁、食欲减退、离群伏卧、营养不良、被毛粗乱，可视黏膜呈浅蔷薇色，轻度黄染；消化机能发生障碍，出现周期性下痢及便秘。有的仔猪外观肥胖，生长发育快，在奔跑中突然死亡。

【病理剖检变化】　病猪剖检可见肝脏出现脂肪变性、肿大、呈浅灰色，偶见出血点。典型剖检变化见图 7-5-1 ~ 图 7-5-7。

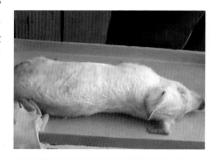

图 7-5-1　死亡猪皮肤苍白

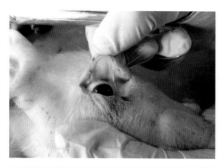

图 7-5-2 眼结膜苍白

图 7-5-3 肝脏出现脂肪变性、肿大

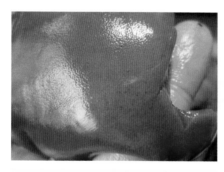

图 7-5-4 肝脏呈灰黄色，有出血点

图 7-5-5 脾脏肿大、坚实

图 7-5-6 肾盏充血

图 7-5-7 心肌增生、肥大

【鉴别诊断】 见表 7-3。

表7-3   与仔猪缺铁性贫血的鉴别诊断

病　名	症　状
仔猪白痢 （猪梭菌性肠炎）	体温升高，排乳白色或灰白色糊状或浆液状粪便。剖检胃和小肠充血、出血，胃内有少量凝乳块，肠内有大量气体、少量黄白色粪便
猪附红细胞体病	体温升高，便秘、下痢交替，呈犬坐姿势，全身皮肤发红或变紫
仔猪溶血病	委顿、贫血、血红蛋白尿。剖检可见皮下组织明显黄染
仔猪低血糖症	走动时四肢颤抖，心跳慢而弱，卧地不起，惊厥，流涎，游泳动作，眼球震颤

【预防措施】　加强对母猪的饲养管理，增加铁和铜元素均衡量，用氨基酸螯合铁，从产前28天开始饲喂到产后28天，通过胎盘和乳房屏障增加胎儿体内的铁储备和乳中铁含量，仔猪出生后第三天增加哺乳仔猪外源性铁剂的供给。仔猪出生3日龄颈部肌内注射1mL右旋糖酐铁溶液。

【治疗措施】　治疗时，以去除病因、补充铁剂（右旋糖酐铁）、加强母猪饲养和管理为原则。

六、僵　猪

僵猪（cad pig）是由于先天发育不足、应激或后天营养代谢障碍所致的一种疾病，又叫"落脚猪""小赖猪"等，临诊以饮食正常，但生长发育缓慢或停滞为特征，比同窝仔猪明显偏小，或青年期及其以后生长速度极慢。

【流行病学】　导致僵猪的原因较多，大致包括以下几种：

1）饲养管理不当、品种退化，母猪日粮中缺乏蛋白质、矿物质、微量元素及维生素，致使胎儿先天发育不足；或者产后母猪泌乳能力差，乳汁少，小猪出生后无固定乳头，使仔猪营养缺乏，生长停滞。

2）仔猪断奶后，日粮品质不良，营养缺乏或大小猪同圈饲养时弱猪不能采食，无法满足猪的生长需要。

3）体内外寄生虫病，如蛔虫、肺丝虫、鞭虫、姜片吸虫、螨虫、肾虫、猪虱子等感染，从而阻碍猪的正常生长发育。

4）慢性消耗性疾病如仔猪白痢、仔猪副伤寒、慢性胃肠炎、猪喘气病等，使猪长期处于慢性营养消耗过程从而阻碍其生长至僵。

5）多种应激因素，包括不合理使用药物、长期打针注射、长途运输等，使猪长期生存在精神高度紧张环境中，出现代谢障碍。

【临床表现】　该病多发于 10～20kg 的仔猪，被毛粗乱，体格瘦小，圆肚子，尖屁股，大脑袋，弓背缩腹，精神尚可，只吃不长。对于病僵猪，随疾病的不同而临床表现各异，如患喘气病的猪有咳嗽和气喘症状，患仔猪副伤寒的猪长期腹泻且时好时坏，患寄生虫病的猪表现为贫血，并且有异嗜现象。典型临床表现见图 7-6-1～图 7-6-4。

图 7-6-1　疾病因素导致的
猪生长停滞

图 7-6-2　僵猪

图 7-6-3　仔猪腹部鼓胀，消瘦

图 7-6-4　僵猪采食正常，腹部鼓胀

【预防措施】　加强饲养管理，将僵猪分圈单养。调整日粮结构，保证营养全价，供给富含蛋白质、矿物质、维生素的饲料，保证饮水清洁且定时饲喂。

【治疗措施】

（1）驱虫、洗胃、健胃　驱虫第五天开始健胃，驱虫药可区别不同情况选择两类以上交替使用。健胃药多选择中成药剂，同时使用苏打片，每10kg体重用2片，分3次拌入料中。

（2）补液疗法　在日常饮水中合理地加入添加剂，如维生素、矿物质、赖氨酸等营养物质。

（3）药物疗法　每头猪肌内注射乳酸钙1～3mL，维生素 B_{12} 10～15mL，氢化可的松5～10mL，每天1次，连用数日，即可收到良好效果。注射布他磷，一次量为2.5～10mL。

七、其他生长迟缓类疾病

◆ 猪圆环病毒病

详见第五章中"二、猪圆环病毒病"内容。

第八章

猝死（突然死亡）类疾病

一、猪炭疽

猪炭疽（pig anthrax）是由炭疽杆菌引起的一种急性、热性、败血性人畜共患传染病。其特点是脾脏显著肿大，皮下以及浆膜下结缔组织有出血性胶样浸润，血液凝固不全，呈煤焦油样，并引起败血症症状。

【流行病学】 各种家畜、野生动物都有不同程度的易感性。一般认为猪对本病比牛、羊的抵抗力要强，但猪感染炭疽后能成为某地区的重要传染源。猪发生炭疽病通常是因为食用了含大量炭疽杆菌或活芽孢的饲料或饮水等。带有炭疽杆菌的吸血昆虫叮咬可引起皮肤感染，还有人怀疑食腐肉的鸟也能成为炭疽的传染源。炭疽多发生于炎热的夏季，在吸血昆虫多、雨水多、江河泛滥时容易发生传播。以往多呈地方流行性，现多为散发。多在人、牛、羊等感染炭疽时引起其发病。潜伏期一般为 1~3 天，有的短至 12h，有的长至 2 周。

【临床表现】 猪炭疽有 4 种类型：咽型、肠型、败血型和隐性型。

（1）咽型 局限于咽和颈部淋巴结。常见的临床症状为颈部水肿和呼吸困难，表现精神沉郁、厌食和呕吐，体温可升达 41.7℃，但不稽留。多数猪在水肿出现后 24h 内死亡，也常有不治而自愈的，肿胀逐渐消失，甚至完全康复，但这种猪有带菌的可能。典型临床表现见图 8-1-1。

（2）肠型 临床症状不如咽型

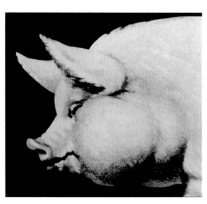

图 8-1-1 炭疽导致咽部
红肿（蔡宝祥）

明显，严重的可见急性消化紊乱，表现呕吐、停食及血痢，随之可能死亡。症状较轻者常复愈。肠型炭疽报告较少，可能是不做全面剖检的结果。

（3）败血型 为最急性炭疽病型，受感染的猪死亡率高，常突然死亡。黄鉴明 1994 报道急性败血型猪炭疽病例：尸僵不全，明显膨胀，尸体迅速腐败，鼻孔、肛门等处流出暗黑色血液，凝固不良，肛门外翻，头、颈、臀和下腹部皮肤出现大片蓝紫色斑。

（4）隐性型 生前无症状，主要于宰后检查时可发现。

【病理剖检变化】

（1）咽型 急性型剖检见患猪咽喉和颈部肿胀，皮下呈出血性胶样浸润，头颈部淋巴结，特别是颌下淋巴结呈急剧肿大，切面因严重充血、出血而呈樱桃红色，中央有稍凹陷的黑色坏死灶。口腔、软腭、会厌、舌根和咽部黏膜也呈肿胀和出血，黏膜下与肌间结缔组织呈出血性胶样浸润。扁桃体常充血、出血或坏死，有时表面覆有纤维素性伪膜。在黏膜下深部组织内，也常有边缘不整的砖红色或黑紫色的大小不等病灶，病灶部也可检出炭疽杆菌。典型剖检变化见图 8-1-2 和图 8-1-3。

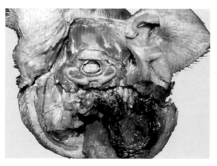

图 8-1-2 猪咽型炭疽（潘耀谦等）

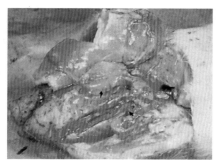

图 8-1-3 咽喉部出血性胶样浸润（潘耀谦等）

（2）肠型 主要发生于小肠，多以肿大、出血和坏死的淋巴小结为中心，形成局灶性出血性坏死性肠炎病变。病灶为纤维素样坏死的黑色痂膜，邻接的肠黏膜呈出血性胶样浸润。肠系膜淋巴结肿大。腹腔积有红色浆液，脾脏质软而肿大。肝脏充血或浊肿（细胞颗粒变性），间有出血性坏死灶。肾脏充血，皮质呈小点出血，肾上腺间有出血性坏死灶。典型剖检变化见图 8-1-4～图 8-1-6。

（3）败血型 为最急性炭疽病型。由于猪有一定程度的抵抗力，因此多数仅造成局部感染，牛和绵羊常出现败血型，猪则少见。Goldstein（1957）报道，1952 年在俄亥俄州暴发的炭疽病中，剖检的 30 头猪中仅有 3 头出现特有的脾脏肿大、变黑。这可能是由于小猪比大猪易引起败血症，猪体内病变的部位极少。典型剖检变化见图 8-1-7～图 8-1-8。

（4）隐性型 颌下淋巴结常见损害，少见于颈淋巴结、咽后淋巴结和肠系膜淋巴结。淋巴结有不同程度的增大，切面呈砖红色，散布有细小、灰黄色坏死病灶或暗红色凹陷小病灶。扁桃体坏死和形成溃疡，有时扁桃体的黏膜脱落，呈灰白色。典型剖检变化见图 8-1-9。

图 8-1-4 肠炭疽形成伪膜
（潘耀谦等）

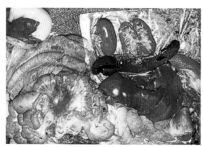

图 8-1-5 肠道出血（潘耀谦等）

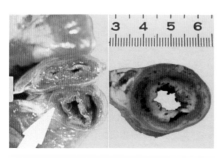

图 8-1-6 肠炭疽痈形成
（潘耀谦等）

图 8-1-7 猪败血型炭疽肠道
出血（潘耀谦等）

图 8-1-8　猪败血型炭疽脾脏
出血（潘耀谦等）

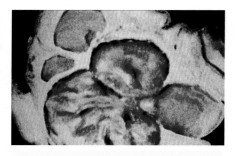

图 8-1-9　颌下淋巴结切面肿大，
背膜增厚，干燥，质地变硬，为砖
红色或灰红色坏死灶（蔡宝祥）

【鉴别诊断】　见表 8-1。

表 8-1　与猪炭疽的鉴别诊断

病　名	症　状
急性猪肺疫	临床症状主要呈现纤维素性胸膜肺炎。除败血症状外，病初体温升高达 40~41℃，痉挛性干咳，有鼻漏和脓性结膜炎。初便秘，后腹泻。呼吸困难，常呈犬坐姿势，胸部触诊有痛感，听诊有啰音和摩擦音。多因窒息死亡。病程 4~6 天，不死者转为慢性
猪恶性水肿	局部弥漫性炎性水肿，初期坚实，有热感、疼痛，后变为不热，触诊局部较柔软，用手可见水肿凹陷，用手捻动时，有明显的捻发音；病猪重者 1~2 天死亡。胃黏膜肿胀、增厚，形成所谓"橡皮胃"。有时病菌也可进入血液，转移至某部肌肉，局部出现气性炎性水肿和弓起跛行，全身症状明显。本病常呈急性经过，多在 1~2 天死亡
猪亚硝酸盐中毒	表现为精神不安、呼吸困难、腹痛、呕吐、呼吸急促、步态不稳，有时转圈，较严重的猪跌倒后不能起立，挣扎鸣叫。体温一般正常或稍低，耳根发凉，全身皮肤黏膜和皮肤初为灰白色，后变为青紫色。凡吃亚硝酸盐食物越多的猪，发病越重，往往来不及治疗即昏迷死亡

【预防措施】

（1）免疫接种 经常发生炭疽及受威胁区的易感动物，每年春、秋两季各进行一次定期炭疽预防接种。我国目前应用的疫苗有无毒炭疽芽孢苗和第Ⅱ号炭疽芽孢苗两种，每年注射一次，可获得一年以上坚强而持久的免疫力。无毒炭疽芽孢苗用量：猪皮下注射 1mL。这两种芽孢苗均在注射后 14 天产生免疫力。接种前应进行临诊检查，必要时要检温。瘦弱、体温高、年龄不到 1 个月的仔猪，以及产前 2 个月内的母猪均不应注射疫苗。接种疫苗后要观察 10 天，若有并发症，要及时治疗。

（2）发生炭疽时的扑灭措施

① 当病畜确诊为炭疽后，应立即查明疫情，及时上报，并通知邻近单位，划定疫区，尽快实施封锁、检疫、隔离、紧急预防接种、治疗及消毒等综合性防治措施。

② 病畜隔离治疗，可疑者可用防治药物，假定健康畜群紧急免疫接种。疫区周围地区的家畜也要注射炭疽芽孢苗。

③ 病畜的畜舍、畜栏、用具及地区应彻底消毒，病畜躺过的地面，应把表土除去 10～20cm，取下的土应与 20% 漂白粉溶液混合后再行深埋。污染的饲料、垫草、粪便及尸体应做焚烧或深埋处理，深埋时不得浅于 2m。尸体底部与表面应撒上厚层漂白粉，尸体接触的车及用具用完后要消毒。病畜尸体不能解剖，以免体内炭疽杆菌繁殖体接触游离氧后，形成抵抗力强大的芽孢，成为永久性传染源。

④ 禁止动物出入和输出畜产品及饲料等，禁止食用病畜乳、肉。在最后一头病畜死亡或痊愈后半个月，到疫苗接种反应结束时解除封锁，解除前再进行一次终末消毒。

【治疗措施】 确诊后不予治疗，做扑杀无公害化处理。对于疑似炭疽，早期确诊并及时治疗十分重要。疑似猪炭疽病必须在严密隔离和专人护理的条件下进行治疗处置。

青霉素治疗效果好，猪每次肌内注射 80 万～160 万国际单位，每天注射 2 次，连续 2～3 天。链霉素、环丙沙星、强力霉素、林可霉素、庆大霉素、先锋霉素及磺胺噻唑、磺胺二甲基嘧啶也有疗效。青霉素与磺胺合用，疗效更好。

对于肠炭疽，还需配合口服克辽林（臭药水），每天 3 次，每次为 2～5mL。还需配合对症治疗，并加强护理工作。

二、猪急性胃扩张

猪急性胃扩张（pig acute gastric dilatation）多为饥饿后贪食大量精料或过食易于膨胀、发酵的饲料；或采食过量的霜后牧草；个别病猪由于饲料突变，尤其是饲料中突然增加豆饼或酸败饲料，造成胃内饲料过分积聚或发酵胀气而发病。

【流行病学】 本病多见于猪腹泻后自由采食的仔猪群，或突然更换饲料的猪，体质健壮的猪发病率高。胃功能失调、消化障碍和运动不足等是本病的诱因。

【临床表现】 在采食后2～3h内呈现症状。初始猪拒食、呼吸困难、腹痛不安、痛苦呻吟；随病势发展，腹围膨大，呼吸频数，呼出气体有酸臭味，常呈犬坐姿势，腹肋部有汗液，眼结膜和口腔黏膜呈暗紫色，耳尖和尾尖厥冷，有的病猪呕吐，触压腹前部呈坚实感；病后期，精神痴呆、安静不动、全身出汗，最后窒息死亡。典型临床表现见图8-2-1。

图 8-2-1　病死猪腹部鼓胀

【病理剖检变化】 见图8-2-2～图8-2-5。

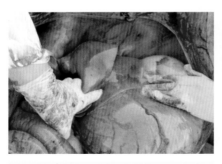

图 8-2-2　病猪胃鼓胀

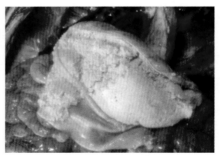

图 8-2-3　猪胃鼓胀，肠道空虚

图 8-2-4 猪胃内充满内容物

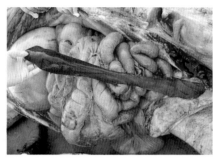

图 8-2-5 病猪胃鼓胀，肠鼓起，脾脏瘀血、肿大、呈黑紫色

【鉴别诊断】 见表 8-2。

表 8-2 与猪急性胃扩张的鉴别诊断

病 名	症 状
猪便秘	先由排粪减少至不排粪，常有排粪姿态，按压腹部的硬结在后腹部，不在肋后，直肠检查可触及积粪
猪尿道结石	多发生于公猪，已有较长时间不排尿，触及尿道有不适感
猪膀胱麻痹	不在喂食后发病，多在持久分娩后发生，按压膨胀较硬部位在后腹部，导尿管伸入膀胱即可排出大量尿液

【预防措施】 加强饲养管理，按需要量饲喂，给料均衡。防止过饱，维持基础和生长需要，饲料配方合理稳定，防止突变。需要变更饲料品种时，要经过 3~5 天的过渡，防止突然变换饲料品种，引起换料应激。在饲料变更、天气骤变时，可在猪饮水中加入氨基酸电解多维、维生素 C、葡萄糖粉等抗应激药物。当猪体重超过 75kg 时，应在饲料中加 0.3% 食盐，1 周内停饲 1 顿，增加猪的饮水量。猪的饮水要保持清洁卫生，自由饮水器的高度要随着猪的增长而调整，以高出猪脊背 15~20cm 为好。禁止饲喂发霉变质的饲料，饲料中可添加效果较好的霉菌毒素处理剂。

【治疗措施】 在治疗上以排空胃内积食和消除气胀，恢复胃的正常生理机能为原则。也可停食 1 天，少量饮水。为了促进胃的运动机能及内容物排空，可实行腹部按摩，也可做稳步驱赶运动。对病情急剧的病猪需小心处置，防止发生胃破裂。

1）对已发病猪只可注射氯化铵甲酰胆碱注射液，50kg 体重注射 10mL，每天 2 次。对第三眼睑凸出并硬化的病猪，可用剪刀把已硬化的第三眼睑剪开，让其出血。

2）防止胃内容物发酵，可用鱼石酯 1～5g，乙醇 10～15mL，加适量水 1 次灌服，也可用醋 20～50mL 灌服。

3）排除胃内容物，猪只保定后应用催吐剂硫酸铜 0.5～1g 或酒石酸锑钾（吐酒石）1～2g，加水配成 2% 溶液，一次内服。但当胃内容物极度膨满时，应慎用催吐剂以防胃破裂。也可应用无刺激性的盐类泻剂硫酸钠 40～60g，以水配成 8%～10% 溶液，一次灌服。为制止胃内容物异常发酵，可同时灌服 50～80mL 食醋，或 5～8g 鱼石脂，或 50～70mL 白酒。

4）对所有的病猪均应及时补充体液，以维持体液的酸碱平衡。通常以林格尔氏液 500mL 或葡萄糖氯化钠注射液 1000mL，加入 20% 安钠加注射液 5mL，一次腹腔注入。

5）对于疼痛不安的病猪，应首先应用镇痛、镇静剂。常用苯巴比妥钠 0.3～0.6g 溶于 10mL 注射用水中，一次肌内注射，或肌内注射复方氯丙嗪。病猪痊愈后，要绝食半天到 1 天，以后喂给少量易消化的食物，逐渐恢复正常给食量。

三、其他猝死（突然死亡）类疾病

◆ 口蹄疫

详见第四章中"三、口蹄疫"内容。

◆ 猪梭菌性肠炎

详见第一章中"九、猪梭菌性肠炎"内容。

◆ 猪肺疫

详见第二章中"七、猪肺疫"内容。

◆ 猪应激综合征

详见第二章中"十二、猪应激综合征"内容。

附　录

兽医临床药物的剂量及换算

1. 药物的剂量单位

1）固体、半固体剂型药物常用剂量单位：千克（kg）、克（g）、毫克（mg）、微克（μg），1kg = 1000g，1g = 1000mg，1mg = 1000μg。液体剂型药物的常用剂量单位：升（L）、毫升（mL），1L = 1000mL。一些抗生素、激素、维生素等药物常用单位（U）、国际单位（IU）表示。抗生素有时也以微克、毫克等重量单位表示，例如，1 国际单位（IU）青霉素钠为 0.6μg 青霉素钠纯结晶粉或 0.625μg 钾盐，80 万国际单位（IU）青霉素钠应为 0.48g；1mg 杆菌肽为 40 单位（U），1mg 制霉菌素为 3700 单位（U）；1g 链霉素或 1g 庆大霉素为 100 万单位（U），1mg 为 1000 单位（U）。

2）药物有效成分与实际使用计量之间的关系。例如，硫酸卡那霉素有效成分 75%，即每克含 75 万国际单位。

浓度单位 ppm、ppb、ppt。ppm 浓度是用溶质质量占全部溶液质量的百万分比来表示的浓度，也称百万分比浓度。现根据国际规定百万分比已不再使用 ppm 来表示，而统一用微克/毫升或毫克/升或克/米³来表示。ppm = mg/L（毫克/升）。ppb = μg/L（微克/升） ppt = ng/L（纳克/升）。

浓度及浓度单位换算　1ppm = 1000ppb，1ppb = 1000ppt。

2. 药物含量表示的含义

用比号"："表示药物剂量与净含量的关系。例如，某生产厂家出品的卡那霉素注射液规格标明 10mL:1.0g，表示 10mL 药液中含净药量为 1.0g，因 1g = 1000mg，所以也表示 1mL 含净药量 100mg。

3. 个体给药剂量的计算

个别猪发病后用药物治疗时，首先要看使用说明书是怎样规定的。如果已标明每千克体重注射多少毫升，那就照此执行。但有时只标明每千克体重多少毫克，那就要进行换算。用药量 = 猪体重（kg）× 剂量（mg/kg）÷一般制剂单位标示量（mg/mL、mg/ 片、mg/g），要先将单位标示量换算成（mg/kg）这种表示方法。举例：10mL:1.0g 的卡那霉素注射液，标明肌内注射一次量为每千克体重 15mg，10kg 体重的猪应注射多少毫升？先换算：首先应明确 10mL：1.0g 即 10mL 含卡那霉素 1g，1g = 1000mg，每毫升含 100mg，再计算 10kg 体重需多少毫克，用量 = 10kg × 15mg/kg ÷ 100mg/mL = 1.5mL，即 10kg 体重的猪每次应肌内注射 1.5mL。

4. 说明书上未标明每千克体重用量的换算

凡未标明每千克体重用量是多少毫升或多少毫克的，通常指的是 50kg 标准体重的猪的用量，可以除 50，换算出每千克体重的大体用量（不少药物，如肾上腺素、安钠咖、阿托品、安乃近等，多采用不标明每千克体重用量而只注明"猪"的用量的方式，大家知道了这个基础知识表示的含义，换算即可）。

例如，0.1% 肾上腺素注射液常用来抢救严重过敏疾病。在《兽药使用指南》一书中或生产厂家在用法与用量一栏中标明"皮下注射，一次量猪 0.2 ~ 1.0mL"，就是指 50kg 体重的猪的用量，其他体重的猪可依此换算出大体用量。

有的还要通过换算才能确定用量。例如，兽医临床上最常用的解热镇痛药安乃近注射液，厂家是这样标示的："规格为 10mL：3.0g，用法与用量：肌内注射，一次量猪 1 ~ 3g"。它是指 50kg 重的猪一次可肌内注射 3.3 ~ 10mL，其他体重的猪可依此推算出用量。

附录 B　常见计量单位名称与符号对照表

量 的 名 称	单 位 名 称	单 位 符 号
长度	千米	km
	米	m
	厘米	cm
	毫米	mm
面积	平方千米（平方公里）	km^2
	平方米	m^2
体积	立方米	m^3
	升	L
	毫升	mL

（续）

量 的 名 称	单 位 名 称	单 位 符 号
	吨	t
质量	千克（公斤）	kg
	克	g
	毫克	mg
物质的量	摩尔	mol
	小时	h
时间	分	min
	秒	s
温度	摄氏度	℃
平面角	度	(°)
	兆焦	MJ
能量，热量	千焦	kJ
	焦［耳］	J
功率	瓦［特］	W
	千瓦［特］	kW
电压	伏［特］	V
压力，压强	帕［斯卡］	Pa
电流	安［培］	A

参 考 文 献

［1］王泽岩，赵建增. 猪病鉴别诊断与防治原色图谱［M］. 北京：金盾出版社，2008.

［2］冯力. 猪病鉴别诊断与防治［M］. 北京：金盾出版社，2004.

［3］孙锡斌，程国富，徐有生. 动物检疫检验彩色图谱［M］. 北京：中国农业出版社，2004.

［4］徐有生. 瘦肉型猪饲养管理及疫病防制彩色图谱［M］. 北京：中国农业出版社，2005.

［5］宣长和. 猪病学［M］. 2 版. 北京：中国农业科学技术出版社，2005.

［6］宣长和，王亚军，邵世义，等. 猪病诊断彩色图谱与防治［M］. 北京：中国农业科学技术出版社，2005.

［7］林太明，雷瑶，吴德峰，等. 猪病诊治快易通［M］. 福州：福建科学技术出版社，2006.

［8］董彝. 实用猪病临床类症鉴别［M］. 2 版. 北京：中国农业出版社，2006.

［9］席克奇，高文玉，樊长润. 猪病诊治疑难问答［M］. 北京：科学技术文献出版社，2006.

［10］白挨泉，刘富来. 猪病防治彩图手册［M］. 广州：广东科技出版社，2007.

［11］潘耀谦，潘博. 猪病诊疗原色图谱［M］. 2 版. 北京：中国农业出版社，2015.